LEGACY CODE

レガシー
コードと
どう付き合うか

めもりー 著

JN062070

C&R研究所

● 本書の内容についてのお問い合わせについて

　　この度はC&R研究所の書籍をお買いあげいただきましてありがとうございます。本書の内容に関するお問い合わせは、「書名」「該当するページ番号」「返信先」を必ず明記の上、C&R研究所のホームページ(https://www.c-r.com/)の右上の「お問い合わせ」をクリックし、専用フォームからお送りいただくか、FAXまたは郵送で次の宛先までお送りください。お電話でのお問い合わせや本書の内容とは直接的に関係のない事柄に関するご質問にはお答えできませんので、あらかじめご了承ください。

〒950-3122 新潟県新潟市北区西名目所4083-6　株式会社 C&R研究所　編集部
FAX 025-258-2801
『レガシーコードとどう付き合うか』サポート係

はじめに

　皆さん、まずは本書をお手にとっていただき、ありがとうございます。本書では、技術的負債が生まれる理由を知り、レガシーコードを根本的に解決したい読者をターゲットとして執筆しています。

　コードをリーダブルに書くにはどうしたらよいのか、コードのアーキテクチャをどうするべきなのか、など、技術的負債やレガシーコードを生み出さないための取り組みを解説している書籍は多々出版されており、筆者もさまざまな書籍に触れてきました。

　しかし、そもそもなぜ、技術的負債が生まれてきてしまうのでしょうか。当初に開発を担当していたエンジニアに課題があったのか、経営層がエンジニアリングの理解に乏しいために適切にプロジェクトのスケジュールを与えてもらえないからでしょうか。さまざまな理由を思い浮かべることができるはずです。

　特に、スタートアップや企業経営を取り巻く環境は現場のエンジニアからは遠く感じるものです。なぜ経営層はエンジニアに対して理解のない発言や行動をするのだろう、もっとこうすれば本質的な解決ができるのに、と頭を悩ます場面も少なくないはずです。

　技術的負債やレガシーコードが生まれないようにするためには、経営層のこれらの行動の背景にはいったい何があるのかを解き明かしていく必要があります。業務を行っていると「なぜ予算が少ないのか」「なぜエンジニアを増やしてくれないのか」「なぜ納期が変わらないのか」など、さまざまな思慮が巡るはずです。

本書では、経営層が何を求めているのか、なぜ技術的負債が生まれるのか、なぜレガシーコードが生まれるのか、その原因をエンジニアとして数年経験を経て、現在は執行役員CTO（2023年4月現在）として経営層の近くで業務を行っている筆者が、エンジニア向けにヒト・モノ・カネを軸に会社経営、とりわけスタートアップの始まりがどのようになっているのか、どれくらいの資金感なのか、採用はどのように行われているのか、そしてプロダクト開発はどのように行われているのか、などを解説しています。

　「彼を知り己を知れば百戦殆うからず」ということわざがあるように、私たちは日ごろエンジニアリングについて多くの知識をインプットしつつ、己について理解をしているはずです。しかし、一方でどのような仕組みで組織運用をはじめ経営がなされているのか、知る機会は少ないのではないでしょうか。本書では現実に会社経営で起こっている課題について深堀りしていき、エンジニアの皆様が彼を知れるように赤裸々に解説していきます。

　そして、レガシーコードに遭遇したときに、まずは何から手を付けていけばよいのか、考える必要が出てきます。経営目線とエンジニア目線で遭遇したときに何から手をつけるかを解説しています。

　本書を通して、技術的負債およびレガシーコードが生まれる理由を理解してもらい、それを防ぐにはどうしたらよいか、そもそも防げなかったときはどのようにすればよいのかを理解していただくことを目指しています。

2023年4月

めもりー

本書について

🧊 事前準備

書中にて触れられているプログラミング言語はPHP 8.2系をベースとして解説しています。コードを写経したい場合はあらかじめPHPのダウンロードが必要です。

◆ Windowsの場合

PHPの公式サイトにて、実行ファイルが提供されているため、下記からダウンロードすることが可能です。

- PHP For Windows: Binaries and sources Releases
  `URL` https://windows.php.net/download#php-8.2

環境は好みで選ぶことが可能ですが、CGI向けのPHPを用いることが一般的であるため、「Non Thread Safe」(スレッドセーフではないもの)と書かれているものを選択するのがよいでしょう。

また、x64、x86のアーキテクチャについては、使用しているマシンによって異なりますが、こちらも家電量販店等で流通しているものは64bitアーキテクチャのものが多いことから、x64 を選択することになるかと思われます。

結論として、本書執筆時点では「VS16 x64 Non Thread Safe」と書かれている項目をダウンロードするのがよいでしょう。

◆ macOSの場合

macOSではHomebrewが提供している `brew` というコマンドを用いてインストールすることが可能です。

- Homebrewの公式サイト
  `URL` https://brew.sh/index_ja

`brew` コマンドは上記の公式サイトに記載されているように、次のようにインストールする必要があります。macOS上でターミナルアプリを開き、次のコマンドを実行します(紙面の都合上、折り返しになっていますが、実際には1行で入力してください)。

```
$ /bin/bash -c "$(curl -fsSL https://raw.githubusercontent.com/Homebrew/install/HEAD/
install.sh)"
```

`brew` をインストールできたら、次のようにPHPをインストールします。

```
$ brew install php
```

以上でmacOSでのPHPのインストールは完了です。

◆ Ubuntuの場合

Ubuntuの場合は、PHP 8.2を次のようにインストールする必要があります。本書ではUbuntu 22.04を想定して記載します。ターミナルアプリで次のようにPHPをダウンロードできるようにリポジトリを追加してください。

```
$ LC_ALL=C.UTF-8 sudo add-apt-repository ppa:ondrej/php
```

次にPHP本体のインストールを次のように行います。

```
$ sudo apt install php8.2
```

以上でUbuntuでのPHPのインストールは完了です。

◆ PHPがインストールされているかを確認する

インストールが完了すると、次のようなコマンドでPHPがインストールされていることを確認することができます。Windowsの場合はコマンドプロンプト、macOSとUbuntuの場合はターミナルアプリで実行します。

```
$ php -v

PHP 8.2.1 (cli) (built: Jan 12 2023 03:48:24) (NTS)
Copyright (c) The PHP Group
Zend Engine v4.2.1, Copyright (c) Zend Technologies
    with Zend OPcache v8.2.1, Copyright (c), by Zend Technologies
```

🎁 コードの中の▨について

本書に記載したサンプルコードは、誌面の都合上、1つのサンプルコードがページをまたがって記載されていることがあります。その場合は▨の記号で、1つのコードであることを表しています。

目次 contents

❖ CHAPTER-01

なぜレガシーコードが生まれやすいのか

❖ CHAPTER-02

レガシーコードを改善するための道筋

● CHAPTER-03

レガシーコードを読む力

CHAPTER-04

レガシーコードを改善するための準備

CHAPTER-05

レガシーコードを改善する

CHAPTER
01
なぜレガシーコードが
生まれやすいのか

▶▶▶ 本章の概要

　読者の方で、過去から現在を含めてPHPを使っている方も多いのではないでしょうか。PHPはもともと、PSR-1/2/12（https://www.php-fig.org/psr/）のようなコーディングルールが存在せず、エンジニアのさじ加減で、多様なコーディングルールを定義して実装することができました。裏を返せば、コーディングルールが存在しない状況もあり得ました。

　そのような状況下にいたPHPは、PSRのようなコーディング規約が出る以前と、出た後の世界では、コードの作法が異なるため、PSRが出る前は混沌とし、レガシーコードが生まれやすかったといっても過言ではありません。

　では、レガシーコードとは何でしょうか。本章ではレガシーコードが生まれる背景とともに解説していきます。

レガシーコードとは

そもそもレガシーコードとは何でしょうか。人によって言葉の定義は曖昧です。技術的負債（未来の返済を約束し、アーキテクチャが無秩序であっても、ある一定のスピードを借入したコード）をレガシーコードであると定義している場合や、もう使われなくなった技術がいつまでもコード上に残っていることをレガシーコードと定義しているものもあります。

また、他にも、コーディングルールといった秩序が守られていないスコープの話であったり、テストが存在しないようなコードのことであると定義したり、多様な定義が存在します。

このように技術的負債やレガシーコードにはさまざまな言葉の定義がありますが、本書では主に創業期の資金不足や人材不足によって生じたコード上の課題全般を、広義のレガシーコードと定義し、使用します。また、コードだけに限らず開発組織であったり事業の変化などによって生じた技術的な課題全般を、技術的負債という言葉を用います[1]。

読者の中には、レガシーコードに苦しめられてる人、レガシーコードを好んで改修する人、レガシーコードを敵だと思っている方、いろんな方がいらっしゃるかなと思います。レガシーコードはコンテキストを知らないと「どうしてあのとき、ここの作りを適切にしておかなかったんだ」「なんで技術的負債を生まないエンジニアの採用をちゃんとやらなかったんだ」など、思ってしまうこともありえますし、その気持もわかります。

経営層とのアプリケーション開発に対する考えにおいて乖離を減らし、円滑にアプリケーション開発を行うためには、私たちエンジニアが、経営層が考えてきたことを汲み取って、歩み寄りを示すことが重要といえます。

本書は、レガシーコードが生まれる理由から、改善の手法まで一連の流れを解説するものとなっています。

---

[1]：本書で使用している技術的負債という言葉は、狭義の意味では誤用です。ただし誤用としての意味で幅広く使われていることから、本書では誤用のまま使用します（次ページのコラム「技術的負債の負債とは何か」を参照）。

COLUMN
技術的負債の負債とは何か

よくレガシーコードを語る上で、筆頭に挙げられるワードとして「技術的負債」という言葉が出てきます。技術的負債（Technical Debt）の発端はウォード・カニンガム氏がシステムを開発しているときに、たまたま使った例えが発端となって流行った言葉です[2]。技術的負債は借入することで、スピードを借りられるわけですが、その分利子も支払い続けなければなりません。

技術的負債を作ることでスピードを得られるというのは成立しないという主張もあります。いつかは修正しなければいけない、その修正をするときに多大な時間がかかるから、というのが主張の背景にあります。

しかし、それはポジショントークの1つです。アーキテクチャや対象領域の知識に詳しくない人間には、技術的負債を借入することを選ばざるを得ない場合もあります。仮にアーキテクチャが重要だと信じていても、実践で有効なスキルを得るまでの理解には学習コストがかかります。そのコストをスキップすることで、スピードを前借りしていると、考えてもよいのではないかと筆者は考えています。

この一連の流れについて、資金調達における現金の借入（デットファイナンス、Debt Finance）と似ていると感じる経営層も多いのではないでしょうか。

会社を経営するにあたり、資本戦略の一環として、銀行からの借り入れは積極的にしていく、そうすることで返済を滞りなく行えば、会社としての信用度は上がると考える経営層も中にはいます。また、会計上の損金算入にもできるため、節税効果もありメリットも大きく享受できると考えるわけです。

そのため、同様のケースに見立てて、技術的負債を借りてプロダクトを先行して出そう、そちらのほうが得だ、と考える経営層もいるわけです。

[2] : https://t-wada.hatenablog.jp/entry/ward-explains-debt-metaphor

　経営と似ていますが、似ていない点もあります。負債という言葉を用いるとバランスシート（賃借対照表）を思い浮かべる方もいるかもしれませんが、少し異なります。

賃借対照表（バランスシート）				
資産の部			**負債の部**	
流動資産	千円	**流動資産**		千円
現金・預金	1,000	支払手形		1,000
受取手形	1,000	買掛金		1,000
売掛金	1,000	短期借入金		1,000
仮払金	1,000	**固定資産負債**		
固定資産		長期借入金		1,000
ソフトウェア	1,000	**負債の合計**		4,000
		純資産の部		
		資本金		10,000
		利益余剰金		10,000
		純資産合計		20,000
資産合計	5,000	**負債・純資産合計**		16,000

　バランスシートは上図のように左が資産の部、右の左上が負債の部、右下が純資産の部となります。しかし、経営戦略によっては、プロダクトをローンチした後は、会計上、**ソフトウェア資産**として扱います（もちろん人件費で扱う場合もあります）。

　この技術的負債という概念は、ソフトウェア資産として計上されている以上、バランスシートの負債の部には乗らず、資産の部に乗り、減価償却が行われていきます。そのため、技術的負債というワードはあくまでメタファーであり、実会計上の負債と、私たちITエンジニアが考える負債とはまったく異なった概念であることがわかります。

　もちろん、これはバランスシートに限った話ですが、P/L（Profit and Loss、損益計算書）やキャッシュフローも実会計上と技術的負債の**負債**というワードは分けて考える必要があるといえます。

レガシーコードが生まれる背景

レガシーコードを**適切に**直すには、レガシーコードが生まれる背景を知らなければ、抜本的な解決に至りません。では、レガシーコードはなぜ生まれるのでしょうか。はじめにコードを書いた人物が技術について理解がなかったのか、事業部の人間から実装を急かされていてテストの工程を省略せざるを得なくなったのか、はたまた勤め先の会社に技術に対して理解やカルチャーがなかったのかなど、レガシーコードが生まれる背景はさまざまなファクターが入り混じった結果であると、筆者は考えます。

エンジニアであれば「テストを書いたほうがよい」「コードはリーダブルであったほうがよい」「最先端の技術を使ったほうがよい」と考えている方も多いのではないでしょうか。確かに、これらが満たされると、レガシーコードは生まれにくくなると考えられます。

たとえば、はじめにマイクロサービスアーキテクチャ[3]を強く意識したアーキテクチャにしたり、自動テストのカバレッジも100%近くを常々担保したり、コードの品質を高めるために、さまざまなツールやサービスを導入したり、本来あるべきシステムの姿を目指していこうと考える方も多いのではないでしょうか。

これらができないと、コードは次第に技術的負債へと変貌し、近い未来にエンジニアが返済を進めることになります。場合によっては、フルリプレイスに数年かかるなどが起こるでしょう。

そうなったとき、会社がフルリプレイスに対して前向きになるとは限りません。それどころか投資が難しいという判断を行い、永久的に技術的負債のコードを継ぎ接ぎで新規実装、仕様変更などを行っていくこともあります。そうならないように技術的負債をできる限り借入せずに、コードを書くことが望ましいとエンジニアは考えるはずです。そもそも、望んで書いていないコードや、他人が書いたコードをメンテナンスしないといけないなんて、退屈だと感じる方もいるはずです。

しかし、そうすると会社はPMF（Product Market Fit）[4]していないプロダクトに対して、多額の資金を投下しなければならず、プロダクトそのものを世に出せなければ、お金が溶けているだけになります。

---

[3]：https://knowledge.sakura.ad.jp/20167/
[4]：https://digitalidentity.co.jp/blog/marketing/about-pmf.html

　開発にかかる人件費をなるべく安く抑えるために、代表や共同創業者が自らコードを書いてプロトタイプを作ったり、IT導入補助金[5]を用いて外部委託するなどの手段をとる会社が多いのはそのためです。

　そして、初回の開発の強い手助けとなるのは、LaravelやCakePHP、Ruby on Railsなどの書いたらすぐ動くフレームワークです。ドキュメントも豊富にあり、エラーも比較的親切であるため、初学者でも何かしらある程度、安全にかつスピーディーにプロダクトを作れることが魅力です。

　しかし、プログラミングをはじめてする代表や共同創業者は、プログラミングを生業としているエンジニアたちと比較すると、どうしても技量や周辺知識への配慮が不足してしまったり、アーキテクチャについて深く考えることが得意ではない場合もあります。

　また、投資家からはサービスのローンチを急かされ、エンジェルラウンドではPoC(Proof of Concept、概念実証)を、シードシリーズではPMFを求められます。そのため、代表や共同創業者はMVP(Minimum Viable Product)という形で、プロダクトを世にリリースしていきます。MVPによって突貫工事で開発されたプロダクトのコードにそのまま手を加えることもあれば、PoCがうまくいかない、PMFがうまくいかないとなったら、今まで作られてきたコードを断片的に抜き出して流用し、別のプロダクトを1から開発する場合もあります。最終的にさまざまな試行錯誤の結果が残ったコードとなり、これが後の技術的負債となります。

　故に、技術的負債は初期のプロダクトではついてまわるものだと考えられます。

---

[5] : https://www.chusho.meti.go.jp/koukai/yosan/2021/it01.pdf

エンジニアリング投資の
高騰と実情

では、なぜ、はじめに優秀なエンジニアを採用することが多くの会社、特にスタートアップでは難しいのでしょうか。前節からすると、代表や共同創業者が、コードを書かなければいけない状況にさえならなければ、レガシーコードが生まれることもないと思う方も少なからずいらっしゃると思います。

しかし、シード期からアーリー期の資金調達は、成功して数百万円から数千万円規模の資金調達です。その中から、創業者の役員報酬、オフィスの家賃、備品、外部サービス費、サーバー費など、調達した資金から賄わなければならないものが多岐にわたります。つまり、投資を続ければ、それだけでランウェイ(残存資金によって会社が経営できる残りの期間)が短くなり、会社の存続に関わる話になってきます。

会社のキャッシュの中から賄わなければならないもの
外注費
採用教育費・福利厚生費・旅費交通費
仕入原価・配送費等(モノを取り扱う場合)
広告宣伝費
地代家賃・水道光熱費・通信費(SaaS、サーバー代など)・消耗品費
人件費

その中で、エンジニアたちの年収のボリュームゾーンは、中央値で一人あたり469万円、シニアエンジニアでいえば少なく見積もってもリュームゾーンは一人あたり600万円以上のコストになります。

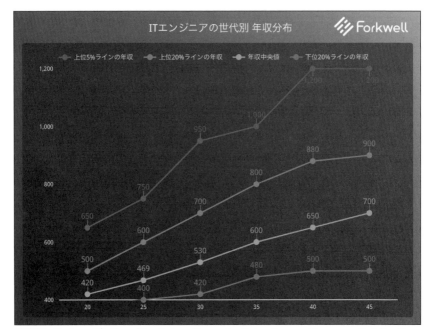

※出典：Forkwell（https://pr.forkwell.com/articles/annual-income-distribution-of-it-developers/）

　ここで一歩立ち止まって、給与が入る仕組みを考えてみましょう。下図を見てみてください。

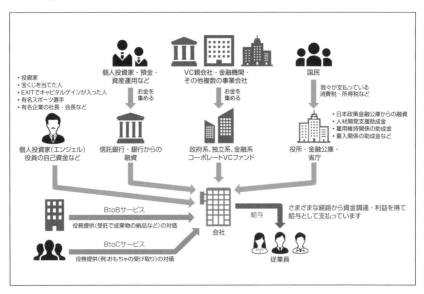

　エンジニアを含め、会社の従業員が給与として得ているものは、売上をほとんど上げていないエンジェル期からシード期は、会社が助成金やデットファイナンス（銀行などからお金を融資してもらい、利子を付けて返すファイナンス手法）、ベンチャーキャピタルやファンド、エンジェル投資家から受けるエクイティファイナンス（株式と引き換えに投資してもらい、お金を得るファイナンス手法）で賄われています。その金額も、残念ながら日本では、エンジェルからシードの間で多くの金額を融資を受けたり投資を受けたりできるのは極稀です。大きな金額の調達になると、それなりのエクイティストーリー（企業価値を高める成長戦略）[6] を投資家たちに示さなければなりません。

　これは1周目の創業者では難しいでしょう。なぜなら、経営、特にお金の流れについてのイロハについてはじめから理解できている経営者は少ないためです。

　2周目以降の経営者となれば、ある程度の経営の知識や、イグジット（会社を売却すること）で得たキャピタルゲイン（会社や株の売却時に得た利益）から多額の自己資金での投資も可能となるため、1周目よりも、よりよいサービスを生むことに資金を投下することも可能でしょう。

　故に、特に1周目の起業は少ない資本力の中で、プロダクトを世に出して、仮説検証を繰り返し、PMFするようなサービスを生み出さなければなりません。MVPでプロダクトを作っては壊していくということが行われていきます。

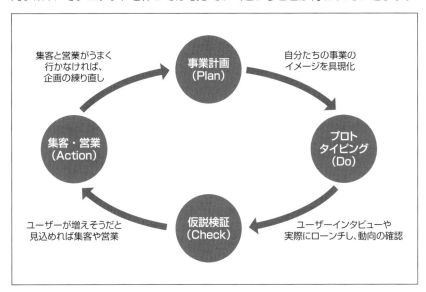

[6]：https://www.meti.go.jp/policy/newbusiness/houkokusyo/financeguidance.pdf

SECTION-03 ● エンジニアリング投資の高騰と実情

　エンジニアを採用するという判断をすると、ランウェイが1年満たなくなってしまうこともあります。そのため、エンジニアを雇おうとする意思は働きにくいでしょう。結果として、役員報酬を極限までに低く設定し、自分たちで作っていく選択肢を選ぶ可能性が高いといえます。また、事業に失敗した場合、雇ったエンジニアの行き場もなくなり、創業者たちもエンジニアたちに申し訳なさを感じてしまうはずで、ますます、そういった選択肢がなくなっていくことは自明です。

　エンジニア目線から見るとどうでしょうか。実はスタートアップを含めた中小企業は1年で13万社設立されているといわれています[7]。そこから、1年で半分以上が倒産をしています[8]。そのように有象無象にあるスタートアップから、自分にあった会社を見つけることは容易でしょうか。

　もし仮に、あなたがアーキテクチャもアプリケーション開発も、価値提供すべてにおいてスーパーマンでありエンジニア市場で価値の高い人材であったとき、名もないスタートアップに、入りたいと思えるでしょうか。エンジェル期からシード期にかけてであれば、提示年収も相応に低く、仮にストックオプション（SO）をもらったとしても、半分以上がつぶれる可能性もある中でです。

　おそらく、マジョリティの意見としては、ある程度、年収が担保されていたり、RSU（Restricted Stock Unit、譲渡制限付株式）がもらえて評価制度も整っているような企業に行きたいと考えるはずです。スタートアップといっても投資ラウンドがシリーズA以上の企業に行きたいと考える人も多いのではないでしょうか。

　そうなると、経営者は、そもそも採用に苦戦することになります。採用媒体などを利用することにも費用がかかる上、採用媒体を管理するための人件費もかかります。一方で、投資家からは1秒でも早くPMFを求められることから、採用に割く時間も確保しにくくなるでしょう。

　つまり、金銭的にも時間的にも採用活動自体が難しいのです。

　故に、経営者コミュニティからの紹介であったり、ベンチャーキャピタルやファンドからの紹介、友人の紹介など、さまざまな手段を用いて、技術力は明らかではないがプロダクトを一緒に作ってくれそうな人を探そうと思うはずです。猫の手も借りたいというような状況とはまさしく、このような状態を指すのでしょう。

---

[7]：https://www.mof.go.jp/public_relations/finance/202004/202004m.pdf
[8]：https://keiei.freee.co.jp/articles/c0400004

　初回の開発ではレガシーコードが生まれることは、もはや当たり前というよりも避けることが非常に難しい問題であるという認識が必要です。運良く、最低賃金で働いてくれて、人当たりもよく、コミュニケーションコストもかからず、開発速度も高く、設計も非常に得意でエンジニアリングにも詳しいエンジニアがジョインしてくれれば、また違うかもしれません。ジョインしてくれれば、ですが。

事業計画と資金調達

　会社は事業計画に沿って、売上や利益を上げ続けなければなりません。多くの人は資金調達をした後にすぐに、次の資金調達を行えばよいと考えているかもしれませんが、それは誤りです。上場以後の売上は10%、利益は30%の乖離までしか許されていないのです。それほど、事業計画が重要視されているものです。

　では、上場準備期間は例外として上場以前であれば、問題ないのでしょうか。実はそうではありません。投資家から投資を受けるためには、エクイティストーリーの証明、つまり、会社がどれだけ成長していくのかを描いていく必要があります。売上が、今年は10%上がりました、去年は30%でした、一昨年は50%でした、といった状況であると、投資家によるデューデリジェンス（投資をして問題がないか、リスクの調査など）の際にリスクであると考える可能性も否定しきれません。この部分だけ切り取れば、売上が乱高下しているビジネスは儲かるのか儲からないのか、わからないため、投資するにはリスクが高いと判断される可能性もあります。

　もちろん、スタートアップのお金事情はこうだから仕方ないと甘んじて受け入れるべきだと筆者は考えていません。本書の目的は、スタートアップはこういった特性をはらんでいるということを念頭におきつつ、最適なソフトウェア設計をしたり、いわゆる「良いコードを書くべき」だという価値も同時に伝えることです。

COLUMN
投資家の心理

　なぜ投資家はPMFに対して急を要するのでしょうか。これは競合企業にも絡んできます。競合他社がいるような市場のパイを取る場合、差別化を図る必要があります。自社が差別化しようとしていたペイン(顧客の抱えている課題)を競合他社が解消してきたとき、また仮に競合がいなくてもその後に資金が潤沢な大企業が事業に参入してきたとき、どうなるでしょうか。資金力のないスタートアップは倒産するほかありません。

　株式投資をしている方は、ある程度の仕組みをご存知かもしれませんが、株主(=投資家)というのは基本的に、買ったときの株と、株を売ったときの差額であるキャピタルゲインで利益を生み出します。キャピタルゲインの利幅が高ければ高いほどよいというわけですが、一方で、どこまでリスクを許容するかというものがあります。

　故に、ひとえに投資家・ファンドといっても、エンジェルから投資をするものもあれば、シードから投資をするような投資家・ファンドもあります。もちろん、シリーズAだったりBだったりを専門とする投資家やファンドもあります。また、会社の経営に関与して、収益を大きく上げ、バリュエーションを高めた後に株式を売却しその売却益で利益を上げる、プライベート・エクイティ・ファンドというものも存在します。

　こうした背景の中で、手を尽くしたのちに会社が倒産してしまった場合、今まで投資してきたものを回収できなくなってしまい、大きな損失になりえます。そのため、スタートアップ企業を倒産させずに運営を継続してもらい、上場を目指してもらおうと躍起になるのはいうまでもありません。

COLUMN
エンジニアの評価

　エンジェル期やシード期などの前半のフェーズにいたエンジニアは、なぜか経営者側に優遇されます。そのように考える背景には、初期のキャッシュ難などを乗り越えたり、組織も未成熟な状態で、エンジニアと近く、ともに売上や利益を上げるためのプロダクトを開発していたからという理由があります。レイターステージに近づくにつれて、経営層とエンジニアが組織上離れていくことで、エンジニアたちが細かく何をやっているのか、把握することが難しくなっていきます。そういう点からも心理的なバイアスとして、自分の近くでプロダクトの開発を行っていたメンバーを評価しやすい傾向にあるのは想像にたやすいのではないでしょうか。

　後から入ったエンジニアのメンバーにしてみれば「初期メンバーが残した爪痕を直させられているのに初期メンバーが評価されるのはなぜ?」「今のコードよりも格段によいものを書いているはずなのに……」など、不平不満が起こり経営層とエンジニアの軋轢が生まれやすい理由には、このような背景があります。

　本来であれば、フェーズごとに適切な評価設定を行うべきですが、組織開発(人事評価制度や、従業員がより働きやすくなるための福利厚生を整えること)は後回しにされがちで、プレショートレビューなどの上場要件において必要になったタイミングで改めて見直しがされることも多いでしょう。

　それまでの間に、希望がなくなってしまって会社から去るという選択肢をする人がいるのもまた事実です。売上や利益を上げるためのプロダクトを作った初期メンバーも評価されるような仕組み、新しく入ってきたメンバーのコミットも評価されやすいような仕組みを常々考えていくことが経営上必要であると考えます。

　もし、仮にあなたの就業先が、このような状況であり、現状のままをよくないと考えているのであれば、あなたから評価制度の提案などを積極的に行っていくしか改善の道はないと言えます。経営層はエンジニアの評価の仕方をそもそもわからないこともあり得ます。

レガシーコードに出会ったら

　レガシーコードに出会ったときに技術的負債の返済を一度に進めるという意思決定は悪手です。技術的負債は必ずしも悪いものとはいえないと考え、会社の状況とフェーズを鑑みながら、技術的負債の返済のロードマップを組むべきでしょう。

　なぜなら、技術的負債は、サービスのリリースを加速させるために借入をしていることが大半であり、誤ったタイミングで技術的負債すべてを返済しようとすると、会社の資金が底を尽き、いわゆる技術倒産という最悪の結果を招きかねません。

　しかし、技術的負債を放置していいかというと、そうでもありません。事業が成長するにつれて、もともと認識していた技術的負債の返済が困難になる可能性が大いにあります。今までmainやmasterブランチに直接プッシュをしていたものが、開発ルールが整備されることで、たとえばGitFlowに則った開発ルールに変わったとしたら、そのコストがかかったり、さまざまな場所で使われている共通のロジックやビジネスロジックであれば、開発を重ねればそれだけ影響範囲の大きいものになるので、コミュニケーションが増えたり、QAも開発当初よりも増えるなど起こるでしょう。

　そのため、予算内で返済できる技術的負債を見極めて、可能なものをできる限り迅速に返済することが、返済ロードマップを立てる上で必要不可欠です。

技術的負債の返済のステップ

　レガシーコードに出会ったとき、会社の状況とフェーズによって対応を分けるべきだと触れました。

　では、具体的に、どのように状況とフェーズを判断したらよいでしょうか。会社の経済状況と、どれだけ仮説検証を繰り返しやすいか、という論点で判断するほうがよいと筆者は考えています。つまり、会社が今どういうラウンドで資金調達をしているのか、会社側が情報を開示していない場合は、官報やプレスリリースを見るなども手です。また、仮説検証を繰り返しやすいかという点で、どれくらいのアクティブユーザー数、取引先がいるかが重要になってきます。

ラウンド	調達額	状況
シード期	数百円〜数千万円	起業前
アーリー期	数千万円	企業直後
シリーズA	数千万円〜数億円	PMF手前
シリーズB	数億円	PMFした
シリーズC	数億円〜数十億円	経営の安定期
シリーズD以降	数十億円〜数百億円	IPOおよびM&Aの検討開始

※出典：SOICO(https://www.soico.jp/series-a/)

　資金調達のラウンドが上がれば上がるほど、ステークホルダー（利害関係者）が増えていき、失敗が許されにくい状況になっていきます。また、シリーズBでは仮説検証が成功し、PMFが確実となっている段階です。つまり、それ相応のアクティブユーザー数が存在し得る状況になります。シリーズCなどで重篤な不具合を出してしまい、IPO目前なのに特別損失が大きく会社が倒産してしまうことも可能性としては否定しきれません。

　故に、シリーズAからBにかけて、エンジニアリング投資を加速化させて、シリーズBからCにかけて、堅牢なアプリケーションの提供が必要になってきます。

　つまり、技術的負債はシリーズAからシリーズB、シリーズBからシリーズCといった資金調達の境目で段階を踏んだ取り組みにするのが適切です。ファイナンス時には、まとまったお金をVC(Venture Capital)やファンドから投資を受けられたり、銀行から融資を受けられためです。故に、資金の少ない会社であればキャッシュを温存しやすいといえます。

　もちろん、資金が潤沢にある会社はこの限りではありません。

技術的負債をフェーズに分けて返済するには

さて、シリーズAからB、BからCで、どのように段階を踏めばよいか考えます。

ラウンド	技術的負債の返済をフォーカスするポイント
シリーズA〜シリーズB	ビジネスを維持するために重要な実装
シリーズB〜シリーズC	サービス全体
シリーズD以降	次のサービスの実装が容易に行えるような実装およびコード分割

ビジネスを維持するために重要な実装をプライオリティを付けて、堅牢化を推し進めることが重要です。会社にとって重要なサービスの指標は何かを定義する必要があります。広告がマネタイズの手段である企業であれば、広告、申込時に課金などが発生したりサブスクリプションを提供しているようなサービスであれば申し込みから課金までのプロセス全般になるでしょう。ECであれば購入までのプロセスです。

シリーズB〜シリーズCになってくると、アクティブユーザー数もある程度の規模となり、B以前と比較して、よりサービスの不具合などが起きにくい状態としていく必要があります。サービスの不具合が起きることで、それだけで本来入るはずだった売上が滞ってしまい大きな逸失利益になってしまいます。事業成長を目処に資金調達をしていることから、顧客満足度を下げてしまったり、チャーンレート（解約率）を高めてしまったり、LTV（Life Time Value、顧客生涯価値）、ARPU（Average Revenue Per User、1ユーザーあたりの平均単価）やGMV（Gross Merchandise Value、流通取引総額）などのKPI（Key Per Indicator、重要業績評価指標）に影響が起きる事象は避けるべきです。

そのためには、何よりも堅牢なアプリケーションを目指していかなければなりません。たとえば、ユニットテストを書いてカバレッジを高めることでリグレッションを防いだり、インテグレーションテストやシナリオテストなどを準備していく必要があるといえます。

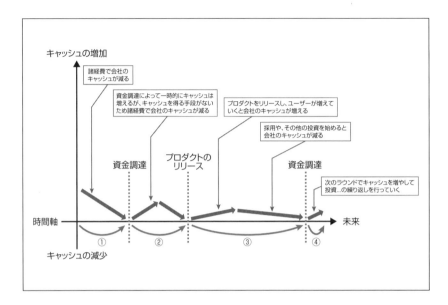

上図を見てわかる通り、①〜④の立ち位置、つまり会社の資金調達やフェーズ次第で、会社のキャッシュを考慮しながら、どこまでレガシーコードを改善するかを意思決定する必要があります。

ある程度のラウンドが進むと、ミドルウェアのセキュリティパッチを当てるだけで、動作検証に時間がかかり、得られるメリットより人件費のほうがかえって高くなってしまう可能性も否定できません。本来は事業にかかるコストを下げたり、イノベーティブな事業を継続していくための投資であるエンジニアリング投資が本末転倒になってしまいます。

そして、シリーズD以降は、IPOやM&Aが視野に入ってくる時期となります。IPOともなると、ITガバナンスなどによって開発プロセスを厳格化しなければならなかったり、M&Aとなれば、ITデューデリジェンスは避けられません。つまり、開発に対してのアジリティはシリーズD以前と比較すると格段と遅くなることが予見できます。

レガシーコードがシリーズD以降まで残ってしまうと、従前よりも必要以上に技術的負債の返済に対して人件費が増えていくことは明白です。

そのため、やみくもにレガシーコードを直すのではなく、状況とフェーズに分けて、技術的負債のロードマップを戦略的に描いていく必要があります。

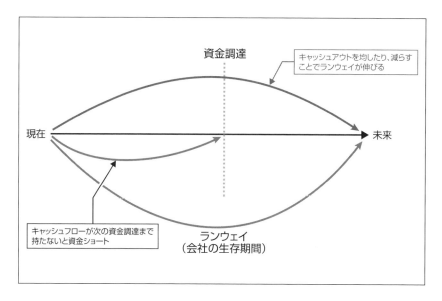

資金調達

キャッシュアウトを均したり、減らす
ことでランウェイが伸びる

現在

未来

キャッシュフローが次の資金調達まで
持たないと資金ショート

ランウェイ
（会社の生存期間）

　上図のように、はじめからエンジニアリング投資に資金を大きく投下してしまうと、P/Lでは黒字になるのに、キャッシュの残高が減っていき、黒字倒産にもなりかねません。そのため、初動ですべての技術的負債や技術的課題を解決しようとするのは得策ではないことは明白です。故に、レガシーコードの改善は、よい塩梅を見つけることが非常に重要です。

　会社や人によってテックリードやCTO（Chief Technology Officer、最高技術責任者）の定義は曖昧ですが、技術的負債の返済を戦略的に描いていくのは、これらのロールを担っている人たちです。テックリードはプロダクトに最適な技術的負債返済の洗い出しから対応方針、CTOはエンジニアリング投資に関する予算の管掌者として、技術的負債済の付き合い方や向き合い方をテックリードと協議して策定し、エンジニアリング投資に対して費用対効果の高い返済を行っていくのが望ましいと筆者は考えます。

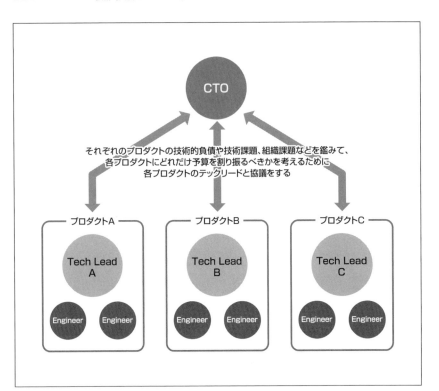

新規開発の設計で考慮すること

　ここまでは、創業者自身が書いた場合や、外部委託に依頼して積み上げられたコードの負債を返済することについて触れてきました。

　では、新規開発の設計はどうでしょうか。これも事業のフェーズごとに分けるべきだと筆者は考えます。しかし、新規開発でも、既存のアプリケーションとは別のサービスとして開発するのか、または、プロダクトが存在しない状況からのスタートなのか、そもそも、エンジニアがいない状況からスタートなのかによって、戦略は大きく変わってきます。

　では、どのように設計を分けるべきでしょうか。会社がプロダクトに求める温度感によって変わります。

　ある程度のエンジニアが居て、コーディングルールや開発プロセス、使用するツールなど、社内にナレッジがある場合を考えます。既存のアプリケーションとは別のサービスとして新規開発する場合は、ある程度のパフォーマンスの高さを期待できるだろうことから、本来そのラウンドで求めるべきレベル感で開発を進めるほうが、技術的負債の借入は少なく済むでしょう。一方で、ゼロベースで、エンジニアもおらず、コーディングルールや開発プロセス、ツールなどのナレッジがない場合は、シード期またはアーリー期と同等のレベル感でよいかもしれません。技術的負債の借入を余儀なくするため、最終的には返済を行わなくてはならない可能性はあります。

　なお、会社のキャッシュに余裕があるのであれば、まずはコーディングルールや開発プロセスの策定、ツールなどのナレッジ、そしてエンジニアの採用を始めたほうが将来的な開発パフォーマンスが担保できることから、さまざまな施策を行うことで会社自身のバリュエーションを上げていくことに貢献できるはずです。

レガシーコードに遭遇したら

　あなたがコードを改修している最中にレガシーコードを発見した場合は、費用対効果を考慮して書いていくのが望ましいと前節で触れました。

　たとえば、次のようにコメントアウトのtypoに気付いたなど、即時に修正できるレベルであればボーイスカウトルールという名目で修正するのは問題ないでしょう。

```php
<?php

// 1 - 1 を出力する
echo 1 + 1;
```

　しかし、いくつもの呼び出し元がある関数のロジックを修正するのは勇気が必要です。では、そういったときにどうするべきでしょうか。

　次のPHPコードを見てください。

```php
<?php

class A
{
    public function callee()
    {
        // ...
    }
}

class B
{

    // 省略

    public function caller1()
    {
        // ...
        $var = $this->a->callee();
        // ...
    }
```

▼

（左余白・縦書き）

なぜレガシーコードが生まれやすいのか

2
3
4
5

```
public function caller2()
{
    // ...
    $var = $this->a->callee();
    // ...
}

// 省略

public function callerN()
{
    // ...
    $var = $this->a->callee();
    // ...
}
}
```

　上記の例では A クラスには callee というメソッドが定義されています。また、B クラスは A クラスの callee を呼び出す callee1 から calleeN が定義されています。 callee が呼び出されている箇所が多いほど、callee というメソッドへの依存度は高くなり、安易に callee のロジックを修正してしまうと callee に関わるメソッドすべてに大きく影響が出てしまいます。

　そこで、愚直に「 callee の呼び出し箇所を減らすようにコードを改修をしよう」と考えることわけですが、一気に改修すると、それだけで時間が取られてしまいます。そうはならないように、前節でも触れたように、戦略的にかつ段階的に分けてレガシーコードの改善のロードマップを立てていく必要があります。

　では、実際に段階的に分けて改善するというのは、どのように行っていくべきか、次章で見ていきましょう。

CHAPTER

02

レガシーコードを
改善するための道筋

>>> **本章の概要**

　CHAPTER 01では、経営的な視点から、なぜレガシーコード
が生まれるのかを解説しました。経営レイヤーが考えること、エ
ンジニアレイヤーが考えることの違いが少し理解できたのではな
いでしょうか。レガシーコードは改善しなければなりませんが、各
レイヤーが考えることは異なります。

　コード上のレガシーコードは何も1つだけではありません。さま
ざまな形でレガシーコードが存在します。今、何がレガシーコード
を改善するのにあたって最適解であり最善手かを考える必要が
あります。このようなとき、何から手を付けてよいのか、迷ってし
まいます。

　本章では、さまざまな視点からレガシーコードを改善するため
の道筋を探る方法を解説します。何から手を付けていけばよいか
を考えるキッカケの1つになればよいと思っています。

プライオリティを付ける

　プライオリティを付けるといってもさまざまなアプローチがあります。特に経営者目線から見たとき、エンジニア目線から見たときに重要視する課題に対してのアプローチは異なってくるでしょう。たとえば、「ご飯をお腹いっぱい食べてもらうにはどうしたらいいか」というビジネス的な課題があったときに、何を思い浮かべるでしょうか。

　1つは飲食店を運営し、その方に来てもらって、お腹いっぱい食べてもらうという方法を思い浮かべるかと思います。このスコープで考えたとき、飲食店ひとつでも中華料理、和食料理、洋食料理、エスニック料理、高級志向、ファミリー向けなど、さまざまなアプローチがあります。

　2つ目は、そもそも飲食店を経営するためには、原則お金が必要であるため、お金を得るための手段を提供する、といったアプローチです。飲食店専門ファンドを立ち上げるようなイメージでしょうか。

　このように1つの課題にしてもさまざまなアプローチが世の中にはあります。

　この例と同様に、技術的課題にスコープを絞り、**経営的アプローチ**と**開発的アプローチ**の2点でアプローチを考えてみます。

経営的アプローチ

経営的アプローチは、得られる品質にどれほどのコストが費やされるのかという、費用対効果からプライオリティを決める基準にする視点です。

仕様変更があったときに、修正に対してテストがなかったり、影響範囲が大きいと、どうしても腰が重くなってしまいます。そのため、ユニットテストを充実させたり、E2E（End to End）テストの導入であったり、テストの担保を定量化するためにカバレッジを高めたりする、といった方法が真っ先に考えられます。理想は、すべての対応を並列に行っていくことですが、前章で解説したように、会社のフェーズや資金状況、組織内のエンジニアによってはそれが難しい場合があります。

このようなケースは筆者の経験上、現実的によく遭遇します。こういったケースの場合は、組織内のエンジニアの能力や、会社のフェーズ、資金状況を鑑みながら、何が最適であるかを戦略として考えていく必要があるでしょう。どういうことかというと、ビジネスと同じで費用対効果の高い施策から行っていくとよいということです。

技術的課題で解決したいことは、現時点のものと未来のものがあります。

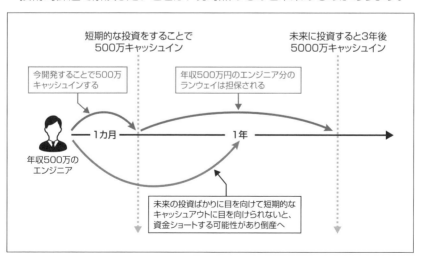

上図では、解説をわかりやすくするため、その他の変動費や固定費などを含めていません。

費用対効果といってもさまざまなファクターがあります。たとえば「トップラインが"現"時点で5%伸びる施策」「トップラインが"未来"時点で5%伸びる施策」などです。現時点のトップラインが5%伸びる施策を打てるのであれば、未来のトップラインは保証ではできませんが、少なくとも今数字を作り出すことができます。未来のトップラインが5%伸びる施策を打てるのであれば、現時点では伸びないが、未来の数字に貢献できる、などです。

ただ、これらの施策を打つためには、その施策を常に打てる状態をキープしておくことが必要条件です。キープできる状態というのは、機能が要求された際に、容易に不具合・遅滞なく実装できる状態であることです。

こういった背景から「今会社が必要としているものは何か?」からブレイクダウンして、既存のコードベースから何が足りないのかを洗い出し、プライオリティを付けて、レガシーコードから脱却していくことが求められます。

ただ、プライオリティを考えるにあたり、いくつもの変数があります。たとえば、ビジネスモデルや組織構造、経営方針などが絡んでくるところを鑑みると、すべての企業が同じような戦略を取れば解決できるわけではないでしょう。また、いちエンジニアがそこまで、考えられるだけの社内の情報を持てるかというと、そうではありません。

そのために、効率的にかつ段階的にレガシーコードを改善するためには、経営層やビジネスサイドと良好な関係を築き上げ、最適解を見つけていくことが重要です。

では、具体的に、関係を築けてたとして、プライオリティをどうやって付ければいいのでしょうか。

エクイティストーリーや、P/Lから予実を鑑みながら意思決定を行っていくとよいでしょう。例を挙げるなら、売上や利益が目標に対して到達していないのであれば、P/L上では下方修正となりえます。これを防ぐためにいま現時点のトップラインを伸ばす施策を行います。また、売上や利益が到達しているのであれば、P/L上は達成しているということになるので、未来のトップラインを伸ばすための施策を行うということになります。

開発的アプローチ

何がエンジニアの開発体験を悪化させているかは、コストと効果の天秤であり客観的に評価することは難しいでしょう。この視点を忘れてはいけません。そもそも、なぜエンジニアはレガシーコードを嫌い、技術的負債を返済したいと考えるのでしょうか。

プログラマーの三大美徳[1]には「怠惰」「短気」「傲慢」という言葉があります。ネガティブな意味で捉えるものではなく、仕事やプログラミングへのスタンスを表したものです[2]。この三大美徳はラリー・ウォール氏[3]が提唱したものです。また、ラリー・ウォール氏はPerlというプログラミング言語[4]の生みの親でもあります。

怠惰は、労力を減らしたい欲です。そのためならどんな手間も惜しまないということです。**短気**は、プログラムの処理速度の低下や、不具合を許せない気持ちです。すぐさま修正に取り掛からないと気が済みません。最後に**傲慢**は、誰よりも自分が最高のコードを書いている自信の表れです。

「自分の書いたコードがサービスになってとしてお客様に提供できている」ことや「自分の書いたコードがお金になっている」などに喜びを感じる方がいたり、自分が書いたコードに愛着が湧くという方もいるはずですし、探究心から、さまざまなテクノロジーを試すことで、自分自身の市場価値が高めたいと考えている方など多様多種です。

その中で、自分のコードがプロダクトに反映されにくいという環境の場合、エンジニアにとってはとても窮屈であると感じる人もいるはずです。

一方で、経営層やマネージャーからのプレッシャーで開発を急かされるものの、不具合をサービス全体として出してしまうと、責められたりする可能性もあったり、何よりも自分が発端として起きた事象に対して申し訳なさという気持ちや、モチベーションが低下する可能性がはらんでいるのはいうまでもありません。新しいテクノロジーも試せないとなると、自分自身の市場価値が目減りしているような不安に陥って転職するという選択肢を取ることもよくある話でしょう。

[1]：https://ja.wikipedia.org/wiki/プログラマ#プログラマの三大美徳
[2]：多くの方から嫌われてしまうので、コミュニケーションでは行わないように注意しましょう。
[3]：https://ja.wikipedia.org/wiki/ラリー・ウォール
[4]：https://ja.wikipedia.org/wiki/Perl

レガシーコードを改善していくということは、お客様へ価値のあるサービスを常に届けるための手段であったり、自身の市場価値を高めるための手段であったりさまざまです。意味のない機能を開発することを嫌うエンジニアが多いのは、エンジニアにとって体験が悪く、お客様へ本当に価値が届けられるのか、自身のスキルを活かせるのか、市場価値が上がるのかなど、さまざまなファクターから成り立つものです。

そのため、お客様によりよい価値を届けるための基盤を整えていくことが開発的アプローチとしては重要です。では、価値を届けるためには何が必要でしょうか。

デプロイの速度とアプリケーションの品質を高めることが1つの大きな指標になりえると筆者は考えます。1つの変更を本番環境へ反映させるために1時間かかるとしたら、その日は理論上、最大8回までしかデプロイすることができません。仮に変更を本番環境へ反映したものが、不具合のあるもので修正したものをデプロイしたとすると、お客様に届けられる価値というのは減っていきます。

故に、不具合が起きないための取り組みから、デプロイの頻度をそもそも高めなければ、価値を届けていくのを継続して行っていくというのが難しくなってきます。

また、これらを定量的に測る手法の1つとして、Googleによって提唱されている4keys[5]というものがあります。これは、デプロイの頻度、変更のリードタイム、変更障害率、サービス復元時間から成り立つものです。

アプリケーションの品質に問題があれば、変更障害率という数字で現れます。そして、デプロイの頻度に影響があれば、4keys上の変更までのリードタイムやデプロイの頻度に数字として現れますし、障害があったときのロールバックの時間がどれくらいかについては、サービス復元時間から算出することができます。

これらの数字と、チャーンレートやGMVなどの事業上で扱っているKPI（重要指標）を組み合わせることで、どれだけお客様に価値提供ができているかを定量的に測りやすくなります。

数字に課題がある場合、アプリケーションの品質なのか、開発プロセスの問題なのか、デプロイのプロセスの問題なのかを切り分けていくことで、何から手を付けなければいけないかが見えてくるはずです。

[5] : https://cloud.google.com/blog/ja/products/gcp/using-the-four-keys-to-measure-your-devops-performance

　また、アプリケーションの品質といっても一意ではなく、次のようなさまざまなファクターがあります。

- 変更容易性
- 循環的複雑度（サイクロマティック複雑度、Cyclomatic Complexity）
- テスタビリティ
- 凝集度・結合度
- DRY原則
- YAGNI・PAGNI
- SOLID原則

次節から、それぞれの言葉を読み解いていきましょう。

変更容易性

　変更容易性は、抽象的な言葉であり、これも捉え方によっては異なる意味となってしまいますが、概ね共通しているものとしてはバグの修正、新規開発、テストコードを書くなどの一連のコードを「変更」する行為に焦点が当てられているものです。コードを変更することによって、期待していなかった動作、つまりバグを生み出してしまったり、そもそも環境によって差異が出てしまったりなど、考慮すべき点がいくつもあり、変更が容易にできなくなってしまう状態が**変更容易性が低い**ということです。

　一方で、関数やモジュール、クラス同士の依存関係も少なく、1つ変えてもバグが起きにくかったり、テストが書きやすかったりするようなものは**変更容易性が高い**状態といえるでしょう。

　たとえば、次のプログラムを見てみてください。

```php
<?php

$prefs = ['東京都', '千葉県', '神奈川県'];

function showCities() {
    global $prefs;
    foreach ($prefs as $pref) {
        if ($pref === "東京都") {
            echo "新宿区\n";
        }
        if ($pref === "千葉県") {
            echo "千葉市\n";
        }
        if ($pref === "神奈川県") {
            echo "横浜市\n";
        }
    }
}

showCities();
```

　先ほどの例のコードは指定された都道府県の県庁所在地を表示するコードで、関東圏の一部のみでサービス展開していたという背景があったとします。このままであれば、少し雑な書き方だな……と思うかもしれませんが、「東京都、千葉県、神奈川県を表示した後に、埼玉県と茨城県と群馬県の県庁所在地を表示してほしい」という仕様変更を言い渡されたとします。

　そうすると、何も考えずにやるのであれば foreach の中の if 文を増やす、$prefs を書き換えるという処理になります。

```php
<?php

$prefs = ['東京都', '千葉県', '神奈川県'];

function showCities() {
    global $prefs;
    foreach ($prefs as $pref) {
        if ($pref === "東京都") {
            echo "新宿区\n";
        }
        if ($pref === "千葉県") {
            echo "千葉市\n";
        }
        if ($pref === "神奈川県") {
            echo "横浜市\n";
        }

        // ↓以下を追加
        if ($pref === "埼玉県") {
            echo "さいたま市\n";
        }
        if ($pref === "茨城県") {
            echo "水戸市\n";
        }
        if ($pref === "群馬県") {
            echo "高崎市\n";
        }
        // ↑追加ここまで
    }
}

showCities();
```

```
// ↓以下を追加
$prefs = ["埼玉県", "茨城県", "群馬県"];
showCities();
// ↑追加ここまで
```

　さて、上記のコードを見て、いくつかの問題点に気付いた方もいらっしゃると思います。まず真っ先に思い浮かぶのは、表示すべき県庁所在地が増えるたびに showCities 関数に if 文を追加していかなければならないということです。現在は1都5県ですが、これが47都道府県に変わったり、地方ごとに分割するという仕様変更があったときに、大きくコードを変えなければいけません。次に、showCities の実装上、他のコードで県庁所在地を使った判定を行いたいと行ったニーズがある場合にも大きく変更する必要があります。

　他にも問題点はありますが、いずれにしても、仕様変更に耐え難いプログラムであることは変わりなく変更容易性が低い状態であるといえます。

　では変更容易性を高めるためには、どうしたらよいでしょうか。上記のような例の場合は、次のようにするとよいでしょう。

```php
<?php

class Pref
{
    protected array $cities = [];

    public function __construct(protected string $name)
    {
    }

    public function registerCity(string $name): self
    {
        $this->cities[] = new City($this, $name);
        return $this;
    }

    public function getCities(): array
    {
        return $this->cities;
    }
```

```php
    public function getName(): string
    {
        return $this->name;
    }

    public function __tostring(): string
    {
        return $this->getName();
    }
}

class City
{
    public function __construct(protected Pref $pref, protected string $name)
    {
    }

    public function getName(): string
    {
        return $this->name;
    }

    public function __tostring(): string
    {
        return $this->getName();
    }
}

$splitPrefs = [
    [
        (new Pref("東京都"))
            ->registerCity('新宿区'),
        (new Pref("千葉県"))
            ->registerCity('千葉市'),
        (new Pref("神奈川県"))
            ->registerCity('横浜市'),
    ],
    [
        (new Pref("埼玉県"))
            ->registerCity('さいたま市'),
        (new Pref("茨城県"))
```

```
            ->registerCity('水戸市'),
        (new Pref("群馬県"))
            ->registerCity('高崎市')
    ],
];

foreach ($splitPrefs as $splitPref) {
    foreach ($splitPref as $pref) {
        foreach ($pref->getCities() as $city) {
            echo "{$city}\n";
        }
    }
}
```

　上記のプログラムは、先ほどのプログラムと比較すると決定的に異なる点が2つあります。それは if 文を使用していないということと、Pref クラスと City クラス同士の依存関係が少ないということです。先ほどのプログラムの場合 $prefs 変数を変更すると、それに合わせて showCities の挙動も変わるようになっています。

　そのため、変更を加える必要が生じた場合は、変数、関数両方を変更する必要があり変更箇所が多岐にわたります。上記のプログラムでは仮に City クラスを廃止するとなった場合も、Pref クラスの registerCity 内の new City(...) を変更するだけで引き続き出力ができます。

　また、変更に強いという点で、仮に地方ごとに分離し、表示時に次のように表示したいとします。

```
関東地方
  東京都
    新宿区
  千葉県
    千葉市
  神奈川県
    横浜市
  茨城県
    水戸市
  群馬県
    高崎市
```

46

　この場合、showCities の状況のままで開発するとすればどうしたらよいでしょうか。もちろんできないわけではありませんが、不具合を起こさないためにも少し考える必要が出てきます。

　愚直にやるのであれば次のような形でしょうか。

```php
<?php

$prefs = ['東京都', '千葉県', '神奈川県'];

function showCities() {
    global $prefs;
    foreach ($prefs as $pref) {
        echo "  {$pref}\n";
        if ($pref === "東京都") {
            echo "    新宿区\n";
        }
        if ($pref === "千葉県") {
            echo "    千葉市\n";
        }
        if ($pref === "神奈川県") {
            echo "    横浜市\n";
        }
        if ($pref === "埼玉県") {
            echo "    さいたま市\n";
        }
        if ($pref === "茨城県") {
            echo "    水戸市\n";
        }
        if ($pref === "群馬県") {
            echo "    高崎市\n";
        }
    }
}

echo "関東地方\n";

showCities();

// ↓以下を追加
$prefs = ["埼玉県", "茨城県", "群馬県"];
showCities();
```

　少しコードがカオスになってきました。次に仕様変更があったときに、プログラムの動作を保証しつつ実装していくのがだんだんと難しくなってきそうです。変更が難しくなってくると、それは変更容易性が低いとも捉えられます。

　では、先ほど例示したクラスの場合はどうでしょうか。非常に簡単です。 `Pref` を複数引き受けるクラスを作成するだけで、実装ができます。次のコードを見てみてください。

```php
<?php

class Region
{
    protected array $prefs;

    public function __construct(protected string $name, Pref ...$prefs)
    {
        $this->prefs = $prefs;
    }

    public function getPrefs(): array
    {
        return $this->prefs;
    }

    public function getName(): string
    {
        return $this->name;
    }

    public function __tostring(): string
    {
        return $this->getName();
    }
}

class Pref
{
    protected array $cities = [];

    public function __construct(protected string $name)
    {
```

```
    }

    public function registerCity(string $name): self
    {
        $this->cities[] = new City($this, $name);
        return $this;
    }

    public function getCities(): array
    {
        return $this->cities;
    }

    public function getName(): string
    {
        return $this->name;
    }

    public function __tostring(): string
    {
        return $this->getName();
    }
}

class City
{
    public function __construct(protected Pref $pref, protected string $name)
    {
    }

    public function getName(): string
    {
        return $this->name;
    }

    public function __tostring(): string
    {
        return $this->getName();
    }
}
```

```
// $splitPrefs から $regions へリネームと要素を変更
$regions = [
    new Region(
        "関東地方",
        (new Pref("東京都"))
            ->registerCity('新宿区'),
        (new Pref("千葉県"))
            ->registerCity('千葉市'),
        (new Pref("神奈川県"))
            ->registerCity('横浜市'),
        (new Pref("埼玉県"))
            ->registerCity('さいたま市'),
        (new Pref("茨城県"))
            ->registerCity('水戸市'),
        (new Pref("群馬県"))
            ->registerCity('高崎市')
    )
];

foreach ($regions as $region) {
    echo "{$region}\n"; // ←追加
    foreach ($region->getPrefs() as $pref) {
        echo "  {$pref}\n"; // ←追加
        foreach ($pref->getCities() as $city) {
            echo "    {$city}\n"; // ←変更
        }
    }
}
```

Region というクラスを作成し、Pref クラスをコンストラクタで引き受けるようにしました。また、出力用の配列の修正と出力箇所の修正を行っています。Pref は Region の依存関係を持っていないため、「やっぱり地方の分割表示は不要」となり Region クラスがなくなっても Pref クラスや City クラス自体を変更をする必要がなく、出力しているコードに多少変更を加える程度で済みます。これは変更容易性が高いといえるでしょう。

循環的複雑度

　循環的複雑度（サイクロマティック複雑度、Cyclomatic Complexity）
は、ソフトウェア測定法の1つで、コードがどれくらい複雑であるのかを定量
化するための手法です。いくつかの定義はありますが、概ねメソッドや関数ひ
とつに対して、分岐やループ文などが増えることによって数値が上がり、逆に
分岐やループ文などがなければ数値が下がるような計測とするのが一般的で
す。では、コードで表すとどのようなイメージでしょうか。下記をご覧ください。

```php
<?php
function myFunc()
{
    if (...) { // …A
        // +2
    }
    if (...) { // …B
        // +2
    }
} // 循環的複雑度は 4
```

　上記のように、循環的複雑度は4になります。なぜならAとBのステートメ
ントが実行されるにあたって4つのパターンがあり得るためです。下表は、A
とBのステートメントについて、実行される場合はtrue、実行されない場合は
falseとして表しています。

	A	B
パターン1	true	true
パターン2	true	false
パターン3	false	true
パターン4	false	false

　Microsoft Visual Studioでは、決定ロジックの量[6]という形で定義され
ています。
　循環的複雑度が増していくごとに、考慮すべき点も増えていくため、合併
症のように変更容易性が低い状態であることがままあります。

---

[6]：https://learn.microsoft.com/ja-jp/visualstudio/code-quality/code-metrics-cyclomatic-complexity?
　　view=vs-2022

2

レガシーコードを改善するための道筋

では、数字の基準はどうでしょうか。数字の基準は各文献で定義が異なっています。NIST235[7]では、10以下となることを推奨しています（当該PDFの「2.5 Limiting cyclomatic complexity to 10」を参照）。

The original limit of 10 as proposed by McCabe has significant supporting evidence, but limits as high as 15 have been used successfully as well. Limits over 10 should be reserved for projects that have several operational advantages over typical projects, for example experienced staff, formal design, a modern programming language, structured programming, code walkthroughs, and a comprehensive test plan.
（引用: NIST235）

当該文章を翻訳すると次のようになります。

McCabeが提唱した10という制限値には大きな裏付けがありますが、15という高い制限値もうまく使われます。10を超える数値は、たとえば、経験豊富なメンバー[8]、堅牢な設計、モダンなプログラミング言語、構造化プログラミング、コードの見通し、包括的なテストなど、一般的なプロジェクトと比較して運用面でいくつかのメリットがあるプロジェクトに使用されるべきです。

上記の文章から、15という数字も1つの指標となることがわかります。10以上の値は、組織的な課題が払拭できている場合であるほうがよいと明記されています。

組織的な課題というのは、経験豊富なエンジニアがいたり、堅牢な設計を担保できていたり、レガシーコードとは言いにくい状況を示しています。スタートアップ初期などにおいては、組織的な課題が起きにくいという状況を維持できるとは限らないため、循環的複雑度は10、妥協して15以下にするということを目指したほうがよいでしょう。

[7]：http://www.mccabe.com/pdf/mccabe-nist235r.pdf
[8]：原文ではスタッフとなっています。英語圏ではスタッフは上位職であることを示しますが、日本人から見たときには意味が異なってしまうため、便宜上メンバーとして表記しています。

　循環的複雑度の計測については、Microsoftが提供しているVisual Studio
やPhpStormなどの統合開発環境ツールであったり、PHPであればPHPMD
というライブラリなどで計測可能です。

　CIツールと連携するのもありでしょう。実際の実装方法についてはCHAP
TER 04を参照してください。

COLUMN
認知的複雑度（Cognitive Complexity）

　循環的複雑度に似た言葉として**認知的複雑度（Cognitive Comple
xity）**というものがあります。これはコードがヒューマンリーダブルである
かどうかを示すものです。

　これは、McCabeが提唱したものではなく、SonarSource[9]という
別の企業が提唱しているものです。例外処理やネストやコードジャンプ
（goto 文など）、式の複雑度などを加点対象として加えているというイ
メージに近いでしょうか。たとえば、次のコードを見てみてください。

```php
<?php
function myFunction() {
    try {
        if ($condition1) { // +1
            for ($i = 0; $i < 10; $i++) { // +2 (nesting=1)
                while ($condition2) { … } // +3 (nesting=2)
            }
        }
    } catch (ExcepType1 | ExcepType2 $e) { // +1
        if ($condition2) { … } // +2 (nesting=1)
    }
} // Cognitive Complexity 9
```

　上記のコードは原典のC/C++言語で書かれたものをPHPにリライト
したものです。 nesting （ネスト）という項目を見てわかるように、ネスト
が複雑になったり、例外処理があることによって、複雑度が増すような計
算式となっています。

　PHPで認知的複雑度を計測するには「CODE CLIMATE」を使うとよ
いでしょう。

　　URL https://docs.codeclimate.com/docs/phpcodesniffer

[9] : https://www.sonarsource.com/resources/cognitive-complexity/

テスタビリティ

テスタビリティとは、書かれているコードがテストしやすい状態であるということを示しています。テストがしやすい状態というのは感覚値として大きい部分もありますが、既存のコードを変更することなく、テストコードを書けるかどうかを指標としてみるのがよいでしょう。次のコード例を見てみてください。

```php
<?php
function getDataFromURL(string $url): string {
    // file_get_contentsは、指定したファイルやURLを開いて値を取得するための
    // 関数です。
    return file_get_contents($url);
}
```

一見すると複雑には見えませんが、これはテスタブルとは言いにくいです。理由は、通信した結果が変わる可能性がありえるからです。

どういうことかというと、上記の getDataFromURL 関数の引数に https://google.com と指定したとします。このとき、常に「https://google.com」からのレスポンスは同じであることが期待されますが、実体は異なります。

試しに、ターミナルで php -r "echo md5(file_get_contents('https://google.com'));" を実行してみてください。実行してみると、異なるハッシュ値が表示されることがわかります。

```
$ php -r "echo md5(file_get_contents('https://google.com'));"
9b263f8dd62ccf77f8a9aade2017fcfa

$ php -r "echo md5(file_get_contents('https://google.com'));"
6cc1585666ff582645f7c50bf7b6e724
```

md5のハッシュの値が異なるということは、レスポンス自体異なっているということがわかります。つまり、テストしようとしたとき、外部要因によって実行のたびにレスポンスが異なるので、レスポンスを保証することができません。したがって、これはテスタブルとはいえないということになります。

他にも、次のようなコードを見てみてください。

```php
<?php

function randomString(int $len) {
    static $str = 'abcdefghijklmnopqrstuABCDEFGHIJKLMNOPQRSTU123456789';
    $string = '';
    while ($len-- > 0) {
        $string .= $str[mt_rand(0, strlen($str) - 1)];
    }
    return $string;
}
```

2

レガシーコードを改善するための道筋

　これは引数に指定した $len の文字数分の文字列をランダムに取得する関数です。これを次のように実行してみます。

```php
// 1 回目
var_dump(randomString(32));

// 2 回目
var_dump(randomString(32));
```

　実行すると次のような値が出力されます。

```
string(32) "Nc36MaTQJufLiluf95SMRs2iGC5qPu49"
string(32) "28n9q9addnBR3qpKcolaMnTtsCPuufo4"
```

　こちらは外部要因のない関数ですが、実行のたびに同じ結果を保証しないものです。
　このような特性を「参照透過性がない」といい、単純に検証が難しくなってしまうため、テスタビリティを下げる要因の1つとなります。
　参照透過性が期待できないのは、解説したコード例の外部との通信や乱数を使った場合だけではありません。実装のはじめはシンプルな何の変哲もないコードでも、改修を重ねるごとに呼び出し元が増えたり、機能要求が増えたりすることで「参照透過性がある」というには程遠くなることも珍しくありません。結果として動作パターンを網羅しきれないほど複雑化したものに依存し、実質的に外部との通信や乱数と同様に参照透過性の担保が難しくなり、テスタビリティの確保が困難になります。

凝集度・結合度

凝集度と結合度について説明します。

🔲 凝集度

凝集度（コヒージョン、cohesion）[10]とは、モジュールやルーチン、関数、メソッドなどに書かれているコードがどれだけ、役割（＝責務）がまとまったもので、かつ依存関係が少ないか（本当にまとまっているか）を表すための尺度の1つです。モジュール強度といったり、モジュール凝集度といったりもします。まずは、下表を見てください。

凝集度	呼び方	解説
低	偶発的凝集	役割や責務が分離せず、無作為にとりあえず1箇所にまとめられたものを指す
	論理的凝集	小さいスコープで見たときの関連が同等に見えるものがまとめられたものを指す
	時間的凝集	特定のモジュールがコールされるタイミングが定まっているものを集めたものを指す
	手順的凝集	実行順序に意味のある処理を集めたものを指す
	通信的凝集	関連するデータを扱う処理を集めたものを指す
	逐次的凝集	関連するデータを使ってかつ、実行時に順序がある処理を指す
高	機能的凝集	関連性の高いデータを扱った処理を指す

凝集度が低いと役割のまとめ方に課題があり、高いと相応にまとまっていることになります。おそらく、これだけだと何を説明しているか難しいかもしれませんので、もう少し詳しく解説します。

◆ 偶発的凝集

偶発的凝集は、無秩序に集めただけの処理のまとまりです。次のコードを見てみてください。

```php
<?php

function myFunc(int $sum) {
    $contents = file_get_contents('https://google.com');
    return [$contents, $sum++];
}
```

上記のコードは https://google.com からデータを取得してきたのと、引数に渡った値を加算した値を返す、関連のない処理が行われています。

 [10]：https://www.aivosto.com/project/help/pm-oo-cohesion.html

　両者の処理には特に意味もなく、同時に行うことが可能な処理を、偶然1つにまとめられた形となります。

◆ 論理的凝集

　論理的凝集は関連性は同じではあるものの、実体として関連のない処理が行われているものです。次のコードを見てみてください。

```php
<?php

function openFiles(string ...$paths) {
    return array_map(fn (string $path) => fopen($path, 'r+'), $paths);
}
```

　この関数は、複数のファイルを開くという処理をまとめたものです。便利な関数ではあるのですが、ファイルを開くという役割だけの関連性のみです。

◆ 時間的凝集

　時間的凝集は、呼び出されるタイミングが同一の処理を指しています。次のコードを見てみてください。

```php
<?php

function logging(Exception $e) {
    $handle = fopen(__DIR__ . '/error.log', 'r+');
    if (flock($handle, LOCK_EX)) {
        fwrite($handle, "[" . date('Y-m-d H:i:s') . "] {$e->getMessage()}");
        flock($handle, LOCK_UN);
    }
    fclose($handle);
}

try {
    // ...
} catch (Exception $e) {
    logging($e);
}
```

　上記の例のように、何か主となる処理に例外が発生した際にエラーログを書きたい、だからI/O処理を書いて呼び出すとしたまとまりが、時間的凝集といえるでしょう。

◆ 手順的凝集

手順的凝集は、何かしらの処理を行うタイミングで偶有的に呼び出されることが順に並んでいなければならないものを指します。次のコードを見てみてください。

```php
<?php

function createDirectoryIfNotExists(string $path) {
    if (is_dir($path)) {
        return;
    }
    @mkdir($path, 0777, true);
}

// ...

$path = '/path/to';
createDirectoryIfNotExists($path);

file_put_contents(
    "{$path}/file.log",
    "データの書き込み"
);
```

上記の `createDirectoryIfNotExists` 関数のように、ディレクトリを作成する際に呼び出されるような処理を指します。

◆ 通信的凝集

通信的凝集は、処理順序を根拠にした場合よりも、意味が強い関心事のまとめ方の必然性を根拠にしたまとまりです。つまりデータに対して、処理のまとまりが従属しているということです。次のようなコードが通信的凝集になります。

```php
<?php

function writeToFile(string $path, string $fileName)
{
    file_put_contents(
        "{$path}/{$fileName}",
```

▼

```
            "データの書き込み"
    );
}

function writeToFiles(string $path) {
    writeToFile($path, 'fileA.log');
    writeToFile($path, 'fileB.log');
}

writeToFiles('/path/to');
```

ただし、上記の writeToFiles 関数は、/path/to/fileA.log と /path/to/
fileB.log というファイルを作成するためのものですが、順序が変わったとして
も問題がありません。

つまり、/path/to/fileA.log と /path/to/fileB.log を作るという動作は
たまたま仕様がそうだっただけですが、1つの関心事（ $path に対して）がそ
のまとまり方の根拠にはなっているということになります。

◆ 逐次的凝集

逐次的凝集は、1つのデータに対する処理のまとまりに、さらに順序的な
必然性もあるような実装を伴うまとまりです。次のコードの例を見てみてく
ださい。

```php
<?php

function createDirectoryIfNotExists(string $path)
{
    if (is_dir($path)) {
        return;
    }
    @mkdir($path, 0777, true);
}

function write($handle, string $data)
{
    if (flock($handle, LOCK_EX)) {
        fwrite($handle, $data);
        flock($handle, LOCK_UN);
    }
```

```
}
function writeData(string $path)
{
    createDirectoryIfNotExists($path);
    $handle = fopen($path, 'r+');
    writeToFile($handle, "データの書き込み");
    fclose($handle);
}

writeData('/path/to/file.log');
```

　上記の writeData 関数のように、指定したディレクトリを作成、ファイルを
オープンし、書き込んで閉じるといった似たような仕様が、たまたままとめら
れた手順的凝集と異なるのは、逐次的凝集はこれらの一連の流れが意図その
ものを表現しているところです。

◆ 機能的凝集

　機能的凝集は、**単一責任の原則**（後ほど記載）に則った処理の集合体だと
思ってもらえればわかりやすいでしょう。つまり、意味的にそれ以上分割でき
ない最小単位の機能がまとまっていることを指します。次のコードを見てみて
ください。

```php
<?php

function makeFizzBuzzList(int $length) {
    $fizzbuzz = [];
    for ($i = 1; $i <= $length; $i++) {
        $fizzbuzz[] = $i % 15 === 0
            ? 'FizzBuzz'
            : (
                $i % 3 === 0
                    ? 'Fizz'
                    : (
                        $i % 5 === 0
                            ? 'Buzz'
                            : $i
                    )
            );
```

```
    }
    return $fizzbuzz;
}
```

前ページのコードはFizzBuzz[11]を作成して返すための関数です。読みやすさの問題というよりも、不可分かつ、他の処理が介入する余地がないのがポイントです。FizzBuzzは3と5が本質的に固定だとすると、これ以上小さく分割・変更する必要性を想定する必要もありません。このようなまとまりは機能的凝集といえます。

他にもソートアルゴリズムの実装であったり、数字の切り捨てや切り上げを行うための数学関数などが当てはまるでしょう。

◆ 凝集度についてのまとめ

凝集度は高ければ高いほど、責務が明確な機能の集合となります。逆に凝集度が低ければ低いほど、再利用性も低くなりやすく、メンテナンスも困難になりやすいことから避けるべきとされています。また、凝集度を高めるためにはビジネスへの理解が欠かせません。

たとえば、ログインをするサービスであれば、ログインボタンの押下という機能、IDやパスワードを入力する機能各位を分離したものは、機能的凝集となり、ログインボタン押下時に、IDやパスワードを入力したものを取得し、その取得した値をもとにログインを行う一連の処理はおそらく逐次的凝集といった実装になりえます。

凝集度が高いのが必ずしもよいというわけではなく、必要に応じて適切な対応を行うべきであり、たとえばビジネス上でログインが必要であったとき、そのログインの要件が固まっていないと実装することができません。

また、他にも気を付けなければならないのは、凝集度が低いものを誤って再利用した場合です。まず第一にビジネスは常に変化するものであることを受け入れる必要があります。

仕様変更というのは日常茶飯事行われるものです。そうしたときに、仮に再利用することを目的として共通化したものに対して、仕様変更があったとしてロジックに手を加えてしまうと、凝集度の低い共通化したものを別の箇所で呼び出しているロジックで不具合を引き起こしかねません。そして最終的にはメンテナンス不能に陥ります。

結合度

さて、ここまでは凝集度について解説しました。次は結合度について解説します。**結合度**は、ソフトウェア測定法の1つで、プログラムの部分同士のつながりの強さで、正しく整理・分割できているかどうかを段階ごとに測るためのものです。下表を見てみてください。

結合度	呼び方	解説
高	内部結合	モジュールや関数内で使用している別のモジュールや関数の実装に依存した実装をしているようなものを指す
	共通結合	外部で宣言されている値が、上書きできるような状態で、扱われているものを指す
	外部結合	外部で宣言されたデータを用いた処理を行っているものを指す
	制御結合	モジュールが外部のデータによって依存して、処理が行われるものを指す
	スタンプ結合	モジュールにオブジェクトを渡し、オブジェクトの一部の機能に依存している状態のものを指す
低	データ結合	モジュールや関数間で、お互いが何かしらに依存しないものを指す

◆ 内部結合

内部結合は、内部事情の直結です。たとえば商品の合計金額を計算し、キャッシュするような場合などに当てはめられます。次の例を見てみてください。

```php
<?php

class Product
{
    public int $price = 0;
    public ?int $calculated = null;
}

class Price
{
    public function calculateTotalPrice(Product $product, int $amount): int
    {
        if ($product->calculated === null) {
            $product->calculated = $product->price * $amount * 1.1;
        }
        return floor($product->calculated);
    }
}
```

　前ページの例は、商品の値を一度計算したことのある Product の `calcula
ted` というフィールドに代入してあります。

　これにより、二度目以降の、Productクラスを使うコードが増えていくと
`$product->calculated` の値がどこから代入されているかわからなくなってし
まいます。実行タイミングによっては `null` のまま参照するコードも出てくる
こともありえます。

◆ 共通結合

　共通結合は、中間に共有エリアを設けた結合です。端的にいえばグローバ
ル変数を変更しているものだと認識すれば問題ありません。先ほどの直結と
比べると、多少マシにはなります。とはいえ、グローバル変数が厄介であるこ
とも変わりません。次の例も見てみてください。

```php
<?php

$globalVar = 'Hello';

function myFunc1() {
    global $globalVar;
    $globalVar .= ' World';
}

function myFunc2() {
    global $globalVar;
    $globalVar .= ' !';
}

myFunc1();
myFunc2();
echo "{$globalVar}\n";
```

　上記のようにグローバルで変数を呼び出して、それを書き換えるような処理
も共通結合といえます。この処理の期待する実行結果は `Hello World !` を出
力するものですが、これは必然的に `myFunc1` と `myFunc2` の実行順序も保証す
る必要があります。実行順序が異なってしまうと、期待する実行結果が異なっ
てしまいます。グローバル変数に値を代入してしまうことでこのような事態が
起こりえます。PHPだと `$_GET` や `$_POST`、`$_SESSION` も同様の問題をはら
んでいます。

◆ 外部結合

外部結合は、外部で宣言されている共通結合で使うシンボル（ライブラリ）などを共通で使用する場合です。次の例を見てください。

```php
<?php

function myFunc1() {
    fwrite(STDOUT, "書き込み 1");
}

function myFunc2() {
    fwrite(STDOUT, "書き込み 2");
}

myFunc1();
myFunc2();
```

STDOUT はPHPによってあらかじめ定義されたリソースで、STDOUT に書き込むための処理が散らばってしまっています。 STDOUT ではなく別のところに書き出す必要が生じたときに、改修に時間がかかることが予測されます。

◆ 制御結合

制御結合は、外部の処理自体との結合が意味的に問題なくても、結果として制御が結合している状況です。オブジェクトの内部の値に基づいて処理が行われるようなものです。たとえば、次のコードです。

```php
<?php

class Person
{
    public function age(): int
    {
        // ...
    }

    public function showAdult(int $displayType)
    {
        if ($displayType === 1) {
            echo "成人です\n";
```

▼

```
        } elseif ($displayType === 2) {
            echo "成人していません\n";
        }
    }
}


$person = new Person();

if ($person->age() >= 18) {
    $person->showAdult(1);
} else {
    $person->showAdult(2);
}
```

　showAdult というメソッドは、与えられた制御用の変数 $displayType に
よって表示する内容が変わるような実装になっています。この規模感であれ
ば問題はありませんが、分岐が増えていくと、showAdult メソッドが何をして
いるか、わからなくなってしまいます。そうなると、変更の必要が生じたとき、
showAdult メソッドを読み解いていくほかありません。

◆ スタンプ結合
　スタンプ結合は、結合によって制御が制約されることはないものの、少々
結合の範囲が広いものを指します。引数として渡されたオブジェクトの一部し
か使っていないような処理です。
　次のコードを見てみてください。

```
<?php

class Person
{
    public function age(): int
    {
        // ...
    }
}


function isAdult(Person $person)
{
```

```php
    return $person->age() >= 18;
}
```

　上記の isAdult は年齢によって成人しているか成人していないかを表しているものです。年齢を比較する処理のためだけに、Person というインスタンスをどうにか用意しなければなりません。 Person というインスタンスを作るのが容易であれば、まだ救いはありますが、作るために相応の下処理などを行わないといけないとすると、isAdult 関数の扱いが難しくなってしまいます。

◆ データ結合

　行いたいことに対してオブジェクトが大きすぎる場合は、次のように、インタフェースを通すか、より粒度の細かい部分に値を渡すことによって依存関係をなくすことができます。これが**データ結合**となります。データ結合は、実装間の事情をより良く分離します。

```php
<?php

interface PersonInterface
{
    public function age(): int;
}

function isAdult(PersonInterface $person)
{
    return $person->age() >= 18;
}

// または

function isAdult(int $age)
{
    return $age >= 18;
}

// PersonInterface の実装

class Person implements PersonInterface
{
    public function age(): int
```

```
    {
        // ...
    }
}
```

インタフェースを通すことで、実体（クラスの実装）が伴っていなくても、`PersonInterface` を実装しているものであれば、扱えるようになります。たとえば、次のように無名クラスを用いることも可能です。

```
$person = new class implements PersonInterface {
    public function age()
    {
        return 18;
    }
};

if (isAdult($person)) {
    // ... 成人している場合の処理
}
```

変数の場合は、そもそもオブジェクトに依存がないため、次のように引数を渡すことで、扱えるようになります。

```
if (isAdult(18)) {
    // ... 成人している場合の処理
}
```

本節のまとめ

結合度は低く、凝集度は高く保ち続けるのが、メンテナンス性の高いコードを維持するための、秘訣となります。

DRY原則

DRY原則とは、「Don't Repeat Yourself」の略で、日本語で言えば「同じことを繰り返すな」という意味になります。もう少し掘り下げて解説をすると、同じ処理や似たような処理を書いてはいけないという法則です。

たとえば、次のコードを見てみてください。

```php
<?php

function sortAsc(array $a) {
    $sortedArray = $a;
    for ($i = 0; $i < count($a); $i++) {
        for ($j = 0; $j < count($a); $j++) {
            if ($sortedArray[$i] < $sortedArray[$j]) {
                $tmp = $sortedArray[$i];
                $sortedArray[$i] = $sortedArray[$j];
                $sortedArray[$j] = $tmp;
            }
        }
    }
    return $sortedArray;
}

function sortDesc(array $a) {
    $sortedArray = $a;
    for ($i = 0; $i < count($a); $i++) {
        for ($j = 0; $j < count($a); $j++) {
            if ($sortedArray[$i] > $sortedArray[$j]) {
                $tmp = $sortedArray[$i];
                $sortedArray[$i] = $sortedArray[$j];
                $sortedArray[$j] = $tmp;
            }
        }
    }
    return $sortedArray;
}

var_dump(sortAsc([3, 5, 1, 6, 3, 1, 9, 13]));
var_dump(sortDesc([3, 5, 1, 6, 3, 1, 9, 13]));
```

前ページのコードはバブルソートで昇順と降順の両者をそれぞれ sortAsc 、sortDesc という関数名で実装したものです。

しかし、これらの関数の問題点は $sortedArray[$i] < $sortedArray[$j] と $sortedArray[$i] > $sortedArray[$j] のように大なり小なりのみしか異ならず、その他のロジックは同様です。このような場合はどうしたらよいでしょうか。

次のように引数を加えることで、昇順、降順を1つの関数内で行うことができます。

```php
<?php

function userSort(array $a, string $direction = 'asc') {
    $sortedArray = $a;
    for ($i = 0; $i < count($a); $i++) {
        for ($j = 0; $j < count($a); $j++) {
            if (
                $direction === 'asc'
                    ? $sortedArray[$i] < $sortedArray[$j]
                    : $sortedArray[$i] > $sortedArray[$j]
            ) {
                $tmp = $sortedArray[$i];
                $sortedArray[$i] = $sortedArray[$j];
                $sortedArray[$j] = $tmp;
            }
        }
    }
    return $sortedArray;
}

var_dump(userSort([3, 5, 1, 6, 3, 1, 9, 13]));
var_dump(userSort([3, 5, 1, 6, 3, 1, 9, 13], 'desc'));
```

重複しているようなコードをいくつも実装してしまうと、要求仕様が変わった際に、コードのメンテナンスを行うための労力が必要以上に増えてしまいます。そうならないためにも、このように同じようなロジックを書かないように工夫すれば、要求仕様が変わったとしても1つのロジックを直すだけで済みます。

YAGNI・PAGNIs

YAGNI[12]という言葉を聞いたことはあるかもしれません。YAGNIは「You ain't gonna need it」の略で、端的にいえば「必要になるまでは機能を追加するな」という意味になります。

たとえばですが、ECサイトの開発を行ったとします。ECサイトの要件として、当初はカートに商品を追加し、決済する機能が必要最低要件だとしたときに、「将来、商品の価格の割引を実装するはずだ」と考え、それ前提で設計を行うと、実は2年後、3年後に着手することになったとした場合、要求仕様が変わっている可能性も否定しきれません。もしくは、使われることなくサービス自体をクローズしてしまうことになったとき、当時開発していた労力が無駄になってしまいます。

そういった事情を加味して、実装については、現時点で要求仕様として上がっているものを作ることがよいとされているものです。

エクストリーム・プログラミングの公式サイトには「Only 10% of that extra stuff will ever get used, so you are wasting 90% of your time」と書かれており、日本語に訳すと「実際に10%しか使われないものに対して、あなたの時間は90%浪費することになる」です。つまり、時間をかけて作ったり考慮した設計が、10%しか使われないため、非常にコストがかかるということです。

次に**PAGNIs**[13]は取り上げられることは中々ないですが「Probably Are Gonna Need Its」の略で、「それはいずれ必要になる」という意味です。YAGNIに似ていますが、PAGNIsが提唱しているものは、一部です。

当該のページに書かれている内容では「A kill-switch for your mobile apps」や「Automated deploys」などが例に挙げられています。コンセプトとして次のように書かれています。

---

[12]：http://www.extremeprogramming.org/rules/early.html
[13]：https://simonwillison.net/2021/Jul/1/pagnis/

When should you over-ride YAGNI? When the cost of adding something later is so dramatically expensive compared with the cost of adding it early on that it's worth taking the risk. On when you know from experience that an initial investment will pay off many times over.

　避けて通れない、以後追加しようとするとような機能の開発はあらかじめ開発しておくのがよいということを提唱しています。

　それがたとえば、古いバージョンを使用している場合は、アップデートを促す仕組み（Kill-switch）、デプロイの自動化であったり、APIのログを取るような仕組みなどがこの文章で書かれています。

　いずれにしてもやみくもにYAGNI／PAGNIsと考えるのではなく、いずれの原則も例外があるということを認知し、何が今のプロダクトで正しいのか、何をすれば正解に近づくのかを熟考して進めることが求められるところだと筆者は考えます。

SOLID原則

SOLID原則[14]とは、オブジェクト指向プログラミングなどで設計する際に、必要不可欠な要素を5つに厳選した原則です。その原則とは次のことを指します。

- S……Single Responsibility Principle: 単一責任の原則
- O……Open-Closed Principle: オープン・クローズドの原則
- L ……Liskov Substitution Principle: リスコフの置換原則
- I………Interface Segregation Principle: インターフェイス分離の原則
- D……Dependency Inversion Principle: 依存性逆転の原則

SOLIDはプログラミング言語で用いられるクラスで説明されることが多いのですが、ソフトウェアアーキテクチャの設計一般にいえることです。それぞれ解説していきます。

🔹 単一責任の原則

単一責任の原則とは何でしょうか。1つのモジュールが担う役割は1つであるべきだということを示している原則です。

たとえば、面積を計算する関数を用意し、長方形の面積と三角形の面積を計算させるようにすると、これは2つの役割を持つことになり、単一責任の原則から逸脱することになります。

このケースの場合、長方形の面積を計算する関数と三角形の面積を計算する関数、それぞれの関数を作っていくほうがよいでしょう。

下記のコードを見てみてください。

```php
<?php

function calculateArea(float $width, float $height, bool $isTriangle = true)
{
    $size = $width * $height;
    if ($isTriangle) {
        $size /= 2;
    }
```

▼

[14] : https://www.membersedge.co.jp/blog/typescript-solid-single-responsibility-principle/

```php
    return $size;
}
```

ここに三角錐、四角錐の計算も加えたい、となったときは、どうしましょうか。すでに使われているであろう calculateArea の引数をいじると不具合が出る可能性があります。

そのため、継ぎ接ぎのように、次のように引数を追加する可能性が高いでしょう。

```php
<?php

function calculateArea($width, $height, bool $isTriangle = true, int
$pyramidHeight = null)
{
    $size = $width * $height;
    if ($isTriangle) {
        $size /= 2;
    }
    if ($pyramidHeight !== null) {
        $size *= $pyramidHeight / 3;
    }

    return $size;
}
```

このように、用途に応じて関数にコードが増えていき、次第にメンテナンス不能に陥ります。そもそも、この時点で関数名は calculateArea（面積の計算用の関数）から calculateAreaOrVolume（面積または体積の計算用関数）となるべきです。ではどうしたらよいでしょうか。次のように役割によって、関数を定義したほうがよいということになります。

```php
<?php
function calculateSquareArea(float $width, float $height): float {
    return $width * $height;
}

function calculateTriangularArea(float $width, float $height): float {
    return calculateSquareArea($width, $height) / 2;
}
```

```
function calculatePyramid(float $height): float {
    return $height / 3;
}

function calculateTriangularPyramidVolume(
    float $width,
    float $height,
    float $pyramidHeight
): float {
    return calculatePyramid(
        calculateTriangularArea(
            $width,
            $height
        ),
        $pyramidHeight
    );
}

function calculateSquarePyramidVolume(
    float $width,
    float $height,
    float $pyramidHeight
): float {
    return calculatePyramid(
        calculateSquareArea(
            $width,
            $height
        ),
        $pyramidHeight
    );
}
```

　少し冗長に見えるかもしれませんが、このようにすることで、たとえばここに円錐の体積を計算する処理を追加したいとなったとしても、無関係な関数の中身を修正する必要がありません。凝集性と結合性が改善されます（凝集度、結合度について56ページ参照）し、何よりこれには先ほど例示したコードと比較して、分岐処理がありません（循環的複雑度について51ページ参照）。

もう少しスコープを広げて考えてみます。たとえば、ECサイトで考えてみましょう。商品の価格を取得する関数を用意したとして、内部で割引の計算を行うことにより、価格を取得するためのロジックと、割引をするためのロジックが1つの関数にまとまってしまったとします。このようなケースのとき、商品価格自体を取りたいようなケースを対応するために引数を増やしたり、そもそも対応が難しくなってしまうことが考えられます。割引ロジックを破壊しかねません。それを防ぐためにできる限り、関数やモジュールは1つの役割に収めたほうがよいというのがこの単一責任の原則です。

🔹 オープン・クローズドの原則

オープン・クローズドの原則とは、「ソフトウェアは拡張に対して開いており、修正に対して閉じているべき」という原則です。これは、言い換えると「ソフトウェアはテスト済みのコードベースを変更せずに、追加拡張できるようにするべき」ということです。

どういうことかというと、たとえば、商品を扱うクラスがあり、商品の価格を返すメソッドがあったとします。そのままだと、事業ドメイン上必要である、割引率などが実装されていません。このような場合に、直接商品を扱うクラスを修正するのではなく、割引率を反映できるような拡張に対応できるように設計をするべき、だということです。

次の例を見てみてください。

```php
<?php

class Product
{
    public function getPrice(): int
    {
        if (...) {
            // ... 何かしら複雑な処理
        }
        return $this->repository->Product->price;
    }
}

class Shop
{
```

▼

```php
    protected array $products = [];

    public function registerProduct(Product $product): self
    {
        $this->products[] = $product;
        return $this;
    }
}
```

　上記のようなクラス群が定義されたコードがあったとして、Shop クラスの registerProduct は Product に依存しています。

　仮に商品に割引率を設定したいとなったとき、商品クラス(Product クラス)を変更することになります。ゆくゆくは「夏限定割引率」「冬限定割引率」、「他の商品と同時に購入した場合の割引率」といったさまざまなパターンに対応する必要性が生じると仮定したとき、商品クラスそのものが膨れ上がっていくことが予見されます。

　さらにいえば、getPrice メソッドも割引率のパターンだけ、修正が加わることとなり、巨大な商品クラスが出来上がることが、火を見るより明らかです。

　このような場合に、拡張だけで済むようにする原則であるオープン・クローズドの原則に従うようにした場合、インタフェースを用いてさまざまな商品クラスに対応できるようにします。

　たとえば、次のようにするとよいでしょう。

```php
<?php

interface ProductInterface
{
    public function getPrice(): int;
}

class Product implements ProductInterface
{
    public function getPrice(): int
    {
        return $this->repository->Product->price;
    }
}
```

▼

```
class Shop
{
    protected array $products = [];

    public function registerProduct(ProductInterface $product): self
    {
        $this->products[] = $product;
        return $this;
    }
}

class SummerDiscountedProduct implements ProductInterface
{
    public function __construct(protected ProductInterface $product)
    {
    }

    public function getPrice(): int
    {
        return $this->calculatedPrice * $this->discountRatio();
    }

    public function discountRatio(): float
    {
        // ...
    }
}


class WinterDiscountedProduct implements ProductInterface
{
    public function __construct(protected ProductInterface $product)
    {
    }

    public function getPrice(): int
    {
        return $this->calculatedPrice * $this->discountRatio();
    }

    public function discountRatio(): float
    {
```

▼

2

レガシーコードを改善するための道筋

```
    // ...
  }
}
```

　先ほどのコードは `ProductInterface` を実装し、`Shop` クラスの `register` `Product` に `ProductInterface` で実装された商品クラスであれば引数として取ることができるように改良しています。このようにすることで、冬割引適用済みクラス（`WinterDiscountedProduct` クラス）、夏割引適用済みクラス（`Summer DiscountedProduct` クラス）の両者を適用していたとしても、またはいずれか片方を適用していたとしても、そして新しく割引用のクラスを作ろうとしたときでも、`ProductInterface` さえ実装していれば、実体を引き受けられるようになり、既存の商品クラスに手を加える必要がなくなります。つまり、クラスの肥大化などを防ぐということも可能になります。

🧊 リスコフの置換原則

　とあるAクラスを継承したA'クラスは、Aクラスのサブセットになります。A'クラスはAクラスのスコープをより狭めたもの、つまり、より詳細なクラスの1つになります。これを**is-a**関係といいます。

　リスコフの置換原則は、このis-a関係を維持しつつ、問題なく元のオブジェクトを置き換えできなければならないという原則です。

　たとえば、次のコードを見てみてください。

```php
<?php
abstract class Person
{
    protected string $name;

    public function __construct(string $name)
    {
        $this->name = $name;
    }

    public function getName(): string
    {
        return $this->name;
    }
```

```php
    public abstract function getDescriptionForSchool(): string;
}

class Student extends Person
{
    private string $major;

    public function __construct(string $name, string $major)
    {
        parent::__construct($name);
        $this->major = $major;
    }

    public function getDescriptionForSchool(): string
    {
        return "{$this->name} は学生で、専攻は {$this->major} です。";
    }
}

// …①

// $person の説明を表示する
function printDescriptionForSchool(Person $person)
{
    echo "{$person->getDescriptionForSchool()}\n";
}

$people[] = new Student("山田太郎", "情報工学"); // 山田太郎 は学生で、専攻
は 情報工学 です。

// …②

foreach ($people as $person) {
        printDescriptionForSchool($person);
}
```

　上記の例では、Person クラスを継承した、Student クラスを用意してい
ます。

　printDescriptionForSchool は Person の学校関連に関わる説明を表示
する関数で、Person クラスを継承してさえいれば、どのようなインスタンス
でも渡せるようになっています。

そして、その関数内では Person クラスの getDescriptionForSchool メソッドを継承先では実装が必要であり、Person クラスを継承した、Student クラスの getDescriptionForSchool は、生徒の情報を出力するようになっています。

これはリスコフの置換原則に遵守しています。

次に①に下記のような Person クラスを継承した Teacher クラスを追加してみます。

```
class Teacher extends Person
{
    private string $subject;

    public function __construct(string $name, string $subject)
    {
        parent::__construct($name);
        $this->subject = $subject;
    }

    public function getDescriptionForSchool(): string
    {
        return "{$this->name} は先生で、担当科目は {$this->subject} です。";
    }
}
```

そして、さらに②に下記のような Teacher クラスをインスタンス化する処理を入れます。

```
$people[] = new Teacher("鈴木一郎", "数学"); // 鈴木一郎 は先生で、担当科目
は 数学 です。
```

このようにするとコメントの通り「鈴木一郎 は先生で、担当科目は 数学 です」と出力されます。これも、printDescriptionForSchool の処理そのものを変える必要もなく、どのようなインスタンスを渡しても、正しく動作するようになっています。ここが、リスコフの置換原則の重要なポイントです。

たとえば、ここで Person クラスを継承した Cat クラスを実装してみます。猫は人間になりきれるのでしょうか。

```
class Cat extends Person
{
    public function __construct(string $name)
    {
        parent::__construct($name);
    }

    public function getDescriptionForSchool(): string
    {
        throw new Exception('猫は、人間ではないので学校に行きません。');
    }
}
```

①に、このようなクラスを実装し、②で下記のようにインスタンス化します。

```
// （注）「える」とは筆者が飼っている猫の名前です
$people[] = new Cat("える"); // 例外: 猫は、人間ではないので学校に行きません。
```

このようにすると、コメントの通り例外が発生します。本来は、学校についての説明文が取得できることを printDescriptionForSchool で期待しています。しかし、猫は学校に行かないため、学校についての説明を定義することができず、例外が出力されます。

先ほど解説したように Person クラスは、継承されたクラスのインスタンスはどのようなものでも受け付けられるべきですが、例外が発生するということはリスコフの置換原則に違反しているといえます。

🔷 インターフェイス分離の原則

インターフェイス分離の原則は、「不要な使用や実装を強要してしまうような依存が大きすぎるインタフェース設計を行わないようにする」という原則です。

ではどういったことに起こりやすいでしょうか。実は、インタフェース分離の原則に違反している可能性があるPHPのセッションインタフェースである SessionHandlerInterface [15]を見てみます。

```
interface SessionHandlerInterface {
    public function close(): bool;
    public function destroy(string $id): bool;
    public function gc(int $max_lifetime): int|false;
    public function open(string $path, string $name): bool;
    public function read(string $id): string|false;
    public function write(string $id, string $data): bool;
}
```

　このセッションインタフェースの問題点はいくつかありますが、主に open と close でしょうか（筆者としては、そもそもインスタンス化するのだから、read や write 、destroy に $id を取ることも不思議な感覚です。静的な実装であればまだわかります）。

　データベースやその他のリソースを用いてセッションを実装しようとしたときは、既存のコネクションを行っているインスタンスを渡す必要があります。 open というメソッドに渡せないため、__construct に渡す必要があります。つまり open というメソッドは、そうした実装では使う余地がないということです。そして、そのインスタンスを閉じるわけでもないので、close というメソッドも使う可能性は限りなく低いでしょう。

　もちろん、ケースとして、open メソッドでインスタンス化した別のデータベースのコネクションを用いる可能性は否定できませんが、そもそも、さまざまなケースに対応できていないインタフェースの定義そのものが問題です。では、本来はどうしたらよかったのでしょうか。

```
<?php

// 実装する側は，一般的にこのインタフェースのみを知っていればよいことになる。
// つまり，その他のインタフェースについて知る必要がなくなる。
interface SessionAccessorInterface
{
    public function read(): string|false;
    public function write(): bool;
    public function destroy(): bool;
}


interface SessionGarbageCollectionInterface
{
```

▼

```
    public function gc(int $max_lifetime): int|false;        ▼
}

// すべてのセッション
interface SessionHandlerInterface extends SessionAccessorInterface,
SessionGarbageCollectionInterface
{
}

// 保存先のリソースごとによって異なるもの
interface SessionDatabaseHandlerInterface extends SessionHandlerInterface
{
    public function setInstance($instance): bool;
}

interface SessionFileHandlerInterface extends SessionHandlerInterface
{
    public function close(): bool;
    public function open(string $path, string $name): bool;
}
```

　このようにすることで、SessionHandlerInterface を必要とする session_
set_save_handler 関数に渡したとしても SessionDatabaseHandlerInterface
または SessionFileHandlerInterface を実装していれば、扱うことができるわ
けです。

　PHPは長らく歴史的な問題を抱えている言語であるため、このように未整
備ではあるが、変更をすることでBC（Breaking Changes）が発生しうるた
め、中々手も出しにくいのでしょう。おそらくこのインタフェースはファイルで
セッションを実現することを前提に作られているであろうインタフェースです。

　このように、不必要な実装を迫ることなく、必要な実装のみとできれば、ア
プリケーション側は必要最小限の実装で済みます。これがインタフェース分
離の原則です。

　もし仮に、アプリケーション上でこのセッションハンドラーの実装を直接使う
必要があった場合、インタフェースが最小になっていることは多大なメリット
があります。一例を挙げるなら、そのアプリケーションは、SessionAccessor
Interface にだけ依存するだけでよいという点です。

アプリケーションの実装にとって、セッションハンドラの実装次第でデータベースで保存されるのか、ファイル上で保存されるのかは気にする必要は本来ありませんし、あるべきではありません。

故に、open や close 、gc のようなそれぞれに依存するような実装がアプリケーション上実装されていないのであれば、セッションハンドラを実装するエンジニアは遠慮なくオブジェクトを差し替えることができます。

🧊 依存性逆転の原則

依存性逆転の原則は、呼び出しの向きと依存の向きを逆にできるテクニックです。重要なモジュールや関数、たとえばビジネスロジックなどは、サブ機能を呼び出して動きます。一方で、他の重要ではないモジュールや関数に依存すると大事な処理がサブ機能に影響され、すぐさま変更を強いられます。変更にクローズドであろうとしても、呼び出す機能に依存していると、想定通りにはいきません。

たとえば、次のように購入者を取り扱うクラスで、その購入者が購入した食品系の商品の一覧を取得したいと考えたとします。

```php
<?php

// メイン機能
class Buyer
{
    public function getBoughtProducts(): array
    {
        return (new FoodProduct())
            ->getBoughtProductsByBuyerId($this->id);
    }
}


// サブ機能
class FoodProduct
{
    public function getBoughtProductsByBuyerId(int $id): array
    {
        // ...
    }
}
```

　このようにしたとき、`Buyer::getBoughtProducts` メソッドは `FoodProduct` クラスに依存していることになります。

　では、ここにデータ系の商品、たとえば音源であったり、無形の商品を扱いたいとなります。そうしたときに、`FoodProduct` のほかに `DataProduct` といったクラスを作ることになります。次のコードを見てください。

```
// ... 省略

// すでに実装したサブ機能
class FoodProduct
{
    public function getBoughtProductsByBuyerId(int $id): array
    {
        // ...
    }
}


// 新しく実装する DataProduct
class DataProduct
{
    public function getBoughtProductsByBuyerId(int $id): array
    {
        // ...
    }
}
```

　`DataProduct` を扱えるように `Buyer::getBoughtProducts` メソッドを次のように変更する必要が出てくるでしょう。

```
class Buyer
{
    public function getBoughtProducts(): array
    {
        return [
            ...(new FoodProduct())
                ->getBoughtProductsByBuyerId($this->id)
            ...(new DataProduct())
                ->getBoughtProductsByBuyerId($this->id)
        ];
```

```
        }
    }
```

　FoodProduct 、DataProduct 以外のさまざまな商品クラスを追加していく
と、商品の種類を追加するたびに、たびたびメイン機能である Buyer クラス
に修正を加える必要があります。

　つまり、購入した商品をただ取得したかっただけのことが商品の"実装"に依
存しているが故に、本来は不必要であるにもかかわらず、常に修正する必要
が生じてしまっています。

　このような事象を防ぐために、商品を抽象化し、getBoughtProducts から
各商品の実装バリエーションへの依存関係をできる限り取り除くようにすると
いうのが、この依存性逆転の原則です。

　では、実際にどのようにすればよいのでしょうか。次のようにインタフェー
スを用いて行うのが望ましいでしょう。

```php
<?php

interface ProductInterface
{
    public function getBoughtProductsByBuyerId(int $id): array;
}

class Buyer
{
    protected array $products = [];

    public function appendBoughtProduct(ProductInterface $product): self
    {
        $this->products = [
            ...$this->products,
            ...$product->getBoughtProductsByBuyerId($this->id),
        ];
        return $this;
    }

    public function getBoughtProducts(): array
    {
        return $this->products;
```

```
    }
}

// 商品の種類(サブ機能)
class FoodProduct implements ProductInterface
{
    public function getBoughtProductsByBuyerId(int $id): array
    {
        // ...
    }
}

class DataProduct implements ProductInterface
{
    public function getBoughtProductsByBuyerId(int $id): array
    {
        // ...
    }
}
```

appendBoughtProduct というメソッドを追加しました。このようにすることで、Buyer クラスには ProductInterface という抽象への依存のみとなります。

　他の種類の商品が増えたとしても、実装に依存をしていないため、次のように呼び出し元で実行するだけで、新しい種類の商品に対応することができるようになります。

```
$buyer = new Buyer();
$buyer->appendBoughtProduct(new FoodProduct());
$buyer->appendBoughtProduct(new DataProduct());
```

　もう少し踏み込んだ説明をしてみます。この Buyer というクラスに商品を購入するためのメソッドを増やす必要が出てきました。このとき、購入すべきECプラットフォームが次のように食品購入専門ひとつであれば、メソッド内でインスタンス化しても問題ありません。

```
class FoodOnlyEC
{
}
```

```
class Buyer
{
    // ... 省略
    public function buy(ProductInterface $product): array
    {
        $platform = new FoodOnlyEC();
        $platform->findById($product->id)->buy();
    }
    // ... 省略
}
```

　しかし、ここにデータ販売のECも加えたいとなったときは、どうしたらよい
でしょうか。ここで**依存性の注入（Dependency Injection）**を行います。
抽象化したものに実装を入れることで、どのようなプラットフォームでも購入
ができるようになります。次のコードを見てみてください。

```php
<?php

interface ProductInterface
{
    public function getId(): int;
}

interface ECInterface
{
    public function canAccept(ProductInterface $product): bool;
    public function buy(int $productId, int $price): void;
}

class Buyer
{
    // ... 省略

    /**
     * @param ECInterface[] $platforms
     */
    public function __construct(
        protected array $platforms,
    ) { }
```

```php
    public function buy(ProductInterface $product): void
    {
        $price = $product->getPrice();
        $platform = $this->platformFor($product);

        // ... 省略

        $platform->buy($product->getId(), $price);

        // ... 省略

    }

    private function platformFor(ProductInterface $product): ECInterface
    {
        // 商品が扱われている EC プラットフォームを探す
        foreach($this->platforms as $platform) {
            if ($platform->canAccept($product)) {
                return $platfom;
            }
        }
        throw new \InvalidArgumentException(
            "商品が扱われている EC プラットフォームがありません"
        );
    }

    // ... 省略
}

class FoodOnlyEC implements ECInterface
{
    public function canAccept(ProductInterface $product): bool
    {
        return $product instanceof FoodProduct;
    }

    public function buy(int $productId, int $price): void
    {
        // ...
    }
}
```

レガシーコードを改善するための道筋

```
class DataOnlyEC implements ECInterface
{
    public function canAccept(ProductInterface $product): bool
    {
        return $product instanceof DataProduct;
    }

    public function buy(int $productId, int $price): void
    {
        // ... 購入処理
    }
}
```

　このようにすることで次のように `ECInterface` の実装(`FoodOnlyEC` または `DataOnlyEC`)を注入することができます。

```
$buyer = new Buyer([
    new FoodOnlyEC(),
    new DataOnlyEC(),
]);

$buyer->buy(new FoodProduct());
$buyer->buy(new DataProduct());
```

アプローチの活用

　経営的アプローチでは、主に機能追加にウェイトを置いていますが、開発的アプローチでは、既存の仕組みを改善することに焦点を当てています。両者を同時にこなすことは難しく、必然的に会社のインパクトとしては、実体として経営的アプローチの優先度が高く行われると考えられます。

　そうすると、本来であれば経営層としてはそこまでかけたくない販管費も多くのエンジニアを投下する必要性が生じてしまい、人件費を想像よりも多く費やすことになります。しまいには、統率が取れず不具合も大きく出してしまうことでしょう。結果、会社としては多大な損害、最悪は倒産になってしまうこともありえます。

　よって、プライオリティを付けるにあたっては、イグジット戦略を含め事業戦略から経営的アプローチと開発的アプローチの両者の塩梅をさまざまな視点から戦略を練っていくことが望ましいといえます。

　また、可能であれば両者を取り持つ職種であるCTOのような役職を設置するとよいでしょう。

　アプリケーションの品質についても、本書で解説したものが即時に適用できる場合とできない場合があります。時間が経過したアプリケーションというのは、事業のフェーズ、組織、ビジネスモデルの変化、ニーズの変化、サービスレベルの変化などに伴って、老朽化していきます。

　老朽化した建物は、継ぎ接ぎで修正をしたとしても、法律の変化や社会情勢によって、いずれは取り壊し、また新しく建てる必要があるのと同じです。建造物でいえば、継ぎ接ぎするにしても、当時の法律や社会情勢を理解し、継ぎ接ぎするポイントを見極めなければなりません。

　これはアプリケーションにおいてのレガシーコードでも同様です。そこで次章では、どのようにレガシーコードを読み解いていくべきかを解説します。

CHAPTER
03
レガシーコードを
読む力

>>> 本章の概要

　レガシーコードを改善するために最善手を打つには、レガシーコードを読む力を会得する必要があります。

　本来の最善手が部分的なリプレイスだったとしても、太刀打ちできないと諦めてフルリプレイスという判断になってしまうことも珍しくありません。それだけで会社のキャッシュを大きく費やしてしまうことになります。

　そもそも「太刀打ちできないからフルリプレイスをする」という判断は、再度レガシーコードを生み出しかねません。そうならないためにも、レガシーコードを読む力を会得する必要があります。

　本章では、どのようにすれば読む力を会得できるか、その方法を解説します。

レガシーコードを読むには
多くのコードに触れる必要がある

前章では、経営的なアプローチと開発的アプローチの2つについて解説しました。経営的アプローチでは主に開発の優先度を決める基準であったり、開発的アプローチではいくつか設計の基礎などを解説してあります。

しかし、これらの設計はあくまでスクラッチ（ゼロベースからの）開発であったり、設計を適応するために時間の猶予が大きく取れるようなケースに限定されます。

筆者の経験（著者略歴参照）上、多くのスタートアップでは、リファクタリングに時間をかけるよりも新規開発に時間をかけて、アップセル（売上を単純に上げる施策）やクロスセル（抱き合わせ販売などで売上を上げること）、コスト構造の見直しを優先することが多々あります。これは会社のエクイティストーリーにも絡んでくる話になります。

投資家はエクイティストーリー通りに事業が成長することを期待しているため、エンジニアが開発するにあたり必要だと考えている細かいリファクタリングや設計などは関心の範囲外です。

一方で経営層もファイナンスを行わないと資金繰りに問題が起きてしまう以上、投資家に寄り添った経営が行われるのもまた事実です。

故に、リファクタリングはあくまで不具合を減らしたり開発しやすくするなどの未来の利益を得るための投資であり、短期的に利益を生み出すものではありません。

しかし、リファクタリングを行わないことで、発生する問題としては、コピー＆ペーストで作られた似たようなコードが、あちこちに散乱したりします。似たようなコードが散乱してしまうことによってロジックを修正する必要が生じたとき、似たような処理を行っているロジックすべてをコード内から探し出し変更する必要があります。そうなったとき、修正が漏れてしまうようなヒューマンエラーが発生すれば、不具合が発生する可能性も格段に上がります。

レガシーコードが残ってしまっている状況は、不具合が発生する可能性も線形的に上がっていくことは明白です。

　スタートアップでも大企業でもレガシーコードは潜在しており、その爪痕はそのプロジェクトやプロダクト初期の設計を担当したエンジニアの能力より、千差万別です。

　レガシーコードを読み解きながら改修していく一方でエクイティストーリーも忠実に、かつ計画通りに進める必要があります。リファクタリングの時間を考慮した上で事業計画を描くほうが、より健全な開発に近づくことができます。しかし、経営層にCTOがいなかったり、開発チームとコミュニケーションが遠い場合は、エンジニアリングが考慮されていない事業計画を描いてしまうことも考えられます。

　そのような中でエンジニアとして生き残っていくには、エクイティストーリーを達成しながらも、リファクタリングも同時に進めるという方法です。

　千差万別のレガシーコードに触れておくことで、リファクタリングにかける時間を極力減らし、技術的負債も返済し、そして次回の開発から、改修していた箇所のボトルネックが極力少なくなるように、もしくは解消するような行動を繰り返していくということです。

　このような行動を**ボーイスカウトルール**[1]といいます。ボーイスカウトルールとは一言でまとめてしまえば、「来たときよりも美しくする」ということです。1つの例で挙げれば、コーディングルールを守れていないコードがあったときに、既存の実装を壊さずにコーディングルールに当てはめるようにするなどです。

　たとえば、コーディングルールで「式で2個以上の条件を使ってはならない」というルールがあり、次のようなコードがあったとします。

```
$data = [...];

foreach (array_keys($data) as $key) {
    if (
        $key === 'apple' ||
        $key === 'orange' ||
        $key === 'pineapple' ||
        $key === 'banana'
    ) {
        unset($data[$key]);
    }
}
```

　この場合、`$key === 'apple' || $key === 'orange' || $key === 'pine apple' || $key === 'banana'` というのは4つの条件を使用しているため、コーディングルールから逸脱しています。これを2つの条件未満に減らす必要があります。

　次の例を見てみてください。

```php
foreach (array_keys($data) as $key) {
    if (in_array(['apple', 'orange', 'pineapple', 'banana'], $key, true)) {
        unset($data[$key]);
    }
}
```

　上記のようにすることで || を消すことができました。さらに、次のようにループ文を使用しない書き方にすることで循環的複雑度を下げることもできます。

```php
$fruits = ['apple', 'orange', 'pineapple', 'banana'];
$data = array_filter(
    $data,
    fn (string $key) => in_array($fruits, $key, true),
    ARRAY_FILTER_USE_KEY,
);
```

　このようにすることで、`foreach` 文すらも使わないで、必要な値だけを抽出することができます。

　これは `array_filter` の扱い方を知らなければ、考えに至れないものです。もちろん、これは本書で題材にしているPHP以外の言語でも同様で、関数やメソッドのようなモジュールの扱い方を覚えていなければ、より的確なコードを書くというのは不可能です。

　言い換えれば、さまざまな書き方について理解するような場数を重ねることがレガシーコードを改善するための1つの道筋であるということがいえます。

どうやって多くのコードに触れるのか

　多くのコードを触れるといっても、いつまでコードに触れていれば完璧なエンジニアになるのでしょうか。答えは「エンジニアという職務を担っている間は永続的に触れる必要がある」です。終わりはありません。ひとまず、コードを見て触れただけで「あ、このコードはだいたい、こういうことやりたいんだな」というあたりを付けられるような解釈ができるまでがファーストステップといえます。

　実際に、多くのコードに触れる手段はいくつかあります。たとえば、勤め先の既成のレガシーコードを率先して改善していくことです。また、他にも複業を行うことで、どのようなレガシーコードがあるのか知見を得ると同時に、改修ハウツーを身に付けていけるとよいでしょう。

　加えて、OSS活動です。特に大規模なOSSであるほど、さまざまなコードの書き方、プルリクエスト、ディスカッションなど多くの知見を得ることが可能です。多くのコードに触れられれば「あのときのAという手法とBという手法を組み合わせればできそうだ」と考えを実行に移すことも可能です。

　少しプログラムから脱線して考えてみましょう。数学で2次方程式を解くにあたり使われるのが解の公式で、次のような公式をを覚えなければなりません。

$$x = \frac{-b \pm \sqrt{b^2 - 4ac}}{2a}$$

　しかし、これはあくまでそう学習するからです。このような公式になぜなるのかを考えようとするのは、数学が趣味でなければ学校教育以外ではおそらく稀でしょう。

　この公式にはいくつかの抽象的な道具が含まれています。

- 四則演算を使える
- 平方根が使える
- 累乗している
- aやb、c、xなど未知の値を別の値に置き換えて代替えしている
- ±を使っている

　分解するとさまざまな前提知識に基づいてメソッドを使用しています。

　つまり、これら抽象化されたメソッドの一部でも欠けていると解の公式を組み立てることはできなくなります。組み立てられるようにするためには、組み立てられるだけの前提知識が必要になります。

　これはコードリーディングでも同じで、何かスキルが1つ足りないと読むのに非常に苦労することとなります。故に、多くのレガシーコードと触れ、どういうことをしようとしている処理なのかを見ただけである程度の見当が付けられるレベルになる必要があると考えます。

　多くのコードに触れられる経験を得るとレガシーコードを改善するための引き出しが増えていき、より最善なアプローチを行うことができます。

レガシーコードでも
いろいろな種類がある

　レガシーコードといっても一重ではありません。たとえば、次のコードを見てみてください。

```
function getPdo()
{
    return new PDO(
        'mysql:charset=utf8mb4;dbname=develop;host=localhost',
        'user',
        'pass'
    );
}
```

　上記のコードを見たあなたは、「関数に接続情報をハードコーディングするな」と憤慨するかもしれません。ハードコーディングすることによって、テストの場合のデータベース接続、ステージング環境の場合、本番環境の場合など、さまざまなケースに対応できなくなってしまいます。もちろんできないわけではありません。仮に実装してみたとしましょう。

```
function getPdo()
{
    $user = 'user';
    $pass = 'pass';
    $dbName = 'develop';
    $host = 'localhost`';
    if ($_ENV['app'] === 'production') {
        $user = 'prd-user';
        $pass = 'prd-pass';
        $dbName = 'prd';
        $host = 'vvv.xxx.yyy.zzz';
    }
    if ($_ENV['app'] === 'staging') {
        $user = 'stg-user';
        $pass = 'stg-pass';
        $dbName = 'stg';
        $host = 'vvv.xxx.yyy.zzz';
    }
```

```
    return new PDO(
        "mysql:charset=utf8mb4;dbname={$dbName};host={$host}",
        $user,
        $pass
    );
}
```

このように分岐が環境によって増えていくのは可能性として大いにありえ
ます。

　他にもデータベースのレプリケーションの情報が必要になったとしたら技術
的要件に対しても耐えることが難しくなってくるでしょう。厳密にいえば、耐え
られても当該のコードを変更するのには少し勇気が必要になることでしょう。

　このようなコードに直面したときは、次のことを考えます。
- 影響のない改修であればどこまで変更を加えてよいのか
- SOLIDのような原則をどこまで当てはめて改修すればよいか

　このように引き出しがいくつかあれば、解法も見つかりやすくなります。

　今回のケースの場合、データベースの接続ですから、多くの箇所で利用さ
れている可能性が高いでしょう。また、ハードコーディングをしてしまっている
ため、どこにこれらの設定があるか集約されておらず、変更するべきところを
見つけ出すのが困難です。

　ミニマムのスタートとしては、別のクラスに処理を委譲させることで、当該
のコードを変更しないで済むようにします。

```
function getPdo()
{
    return PDOFactory::getInstance()
        ->getPdo();
}
```

　このようにすることで、getPdo のようなモジュールの設計も難しいような
ものに渡す必要もなく、PDOFactory を介すことで PDOFactory の設計におい
て変更のしやすさにフォーカスすれば、変更の必要にかられたとき柔軟に対
応することができるようになります。

　たとえば、PDOFactory を次のようにするとどうでしょうか。

```
class PDOFactory
{
    protected ?array $config = null;
    protected PDO $pdo;

    public static function getInstance()
    {
        static $instantiated = null;
        return $instantiated ??= new static();
    }

    protected function __construct()
    {
        $configData = require __DIR__ . '/database/config.php';
        $this->config = $configData[$_ENV['app']] ?? null;
        if ($this->config === null) {
            throw new Exception('データベースの設定ファイルが存在しません');
        }

        return $this->pdo ??= new PDO(
            $dbName = $this->config['dbName'];
            $host = $this->config['host'];

            return $this->pdo ??= new PDO(
                "mysql:charset=utf8mb4;dbname={$dbName};host={$host}"
            )
            $this->config['user'],
            $this->config['pass']
        )
    }

    public function getPdo(): PDO
    {
        return $this->pdo;
    }
}
```

config.php の中身を次のようにします。

```php
<?php
return [
    'develop' => [
        'user' => 'dev-user',
        'pass' => 'dev-pass',
        'dbName' => 'develop',
        'host' => 'localhost',
    ],
    'staging' => [
        'user' => 'stg-user',
        'pass' => 'stg-pass',
        'dbName' => 'stg',
        'host' => 'vvv.xxx.yyy.zzz',
    ],
    'production' => [
        'user' => 'prd-user',
        'pass' => 'prd-pass',
        'dbName' => 'prd',
        'host' => 'vvv.xxx.yyy.zzz',
    ],
];
```

このように分けることで、設定と実装の分離をすることができます。また、ここから変更として、リーダーレプリカとライターを分けたい、といった要望があったとします。先ほどの getPdo 関数だと大きく変更する必要性がありますが、このクラスの場合は、少しの変更量で済みます。

たとえば、次のようになります。

```php
class PDOFactory
{
    protected $useWriter = false;
    protected ?array $config = null;
    protected PDO $writerPdo;
    protected PDO $readerPdo;

    public static function getInstance()
    {
        static $instantiated = null;
        return $instantiated ??= new static();
```

```
    }

    protected function __construct()
    {
        $configData = require __DIR__ . '/database/config.php';
        $this->config = $configData[$_ENV['app']] ?? null;

        if (isset($this->config['read'], $this->config['write'])) {
            $this->writerPdo = $this->createPdo($this->config['write']);
            $this->readerPdo = $this->createPdo($this->config['read']);
        } else {
          $this->writerPdo = $this->createPdo($this->config);
          $this->readerPdo = $this->createPdo($this->config);
        }
    }

    private function createPdo(array $config): PDO
    {
        $dbName = $this->config['dbName'];
        $host = $this->config['host'];

        return $this->pdo ??= new PDO(
            "mysql:charset=utf8mb4;dbname={$dbName};host={$host}"
        )
            $config['user'],
            $config['pass']
        );
    }

    public function getWriterPdo(): PDO
    {
        return $this->writerPdo;
    }

    public function getPdo(): PDO
    {
        if ($this->useWriter) {
            return $this->writerPdo;
        }
        return $this->readerPdo;
    }
}
```

レガシーコードを読む力

config.php を次のようにします。

```php
<?php
return [
    'develop' => [
        'user' => 'dev-user',
        'pass' => 'dev-pass',
        'dbName' => 'develop',
        'host' => 'localhost',
    ],
    'staging' => [
        'read' => [
            'user' => 'stg-user',
            'pass' => 'stg-pass',
            'dbName' => 'stg',
            'host' => 'vvv.xxx.yyy.zzz',
        ],
        'write' => [
            'user' => 'stg-user',
            'pass' => 'stg-pass',
            'dbName' => 'stg',
            'host' => 'vvv.xxx.yyy.zzz',
        ],
    ],
    'production' => [
        'read' => [
            'user' => 'prd-user',
            'pass' => 'prd-pass',
            'dbName' => 'prd',
            'host' => 'vvv.xxx.yyy.zzz',
        ],
        'write' => [
            'user' => 'prd-user',
            'pass' => 'prd-pass',
            'dbName' => 'prd',
            'host' => 'vvv.xxx.yyy.zzz',
        ],
    ],
];
```

　当初の getPdo 関数だとレプリケーションまで含めると、ハードコーディングもさながら、1つの関数が肥大化します。

　それに、何よりもテスタブルではありません。テストを行うための接続情報を外部から注入することが難しい設計となってしまっています。そのため、テストを行うには、さらにテスト用の接続情報をハードコーディングする必要がありますが、テスト中に別のコネクションへ接続したい要求があったときに、よりそれを難しくさせます。そのため、接続情報を外部依存にすることで、これらの課題を解決することもできるわけです。

　しかし、これがゴールではありません。先ほどの例の `PDOFactory` は、シングルトンパターンと呼ばれるデザインパターンを用いてます。凝集度の観点では合格ですが、呼び出し側との結合度の観点から見ると少し課題が残っています。たとえば、ユニットテスト（CHAPTER 05参照）を実行するとき、接続するデータベースを動的に切り替えたい（またはパフォーマンスのために接続を避けたい）というケースが出てくるかもしれません。

　このような課題を解決するには、どのように設計すればよいでしょうか。答えは1つだけではありません。多くの書籍で解決するための設計手法などが語られているので、それらを参考にぜひ考えてみてください。

フルリプレイスを決定するか、既存のコードを改修し続けるか

　レガシーコードの改善の議題の1つとしてよく上がるのが技術負債の踏み倒しです。債務の返済が不能になった際に使われる「自己破産」という言葉から、このようにいわれたりします。

　レガシーコードを改善するにあたって、部分的に改修を進めていくのか、フルリプレイスを率先して進めていくのかの二択を迫られることがあります。もちろん、それぞれにメリット・デメリットあります。下表を見てください。

	フルリプレイス	部分的なリプレイス
変更容易性	フルスクラッチでの開発となるため、安全に変更しやすい	ケースによるが複雑なビジネスロジックを置き換える場合、変更容易性は担保されない
デプロイ後は安全か	データベース構造を変更するなどといったフルリプレイスの場合、デプロイ後、もし仮に問題があったとしてもロールバックに非常に苦労する可能性がある	不具合があれば、当該コミットをリバートすればよい
デプロイ後にダウンタイムが発生するか	データベースの入れ替えなどはありえる	何かしらを大きく変更するものでなければ発生しない
問題があったときにロールバックしやすいか	別のアーキテクチャになるので、事前にロールバックすることを前提で考えていない場合、大きく時間をロストする可能性がある	不具合があれば、当該コミットをリバートすればよい
エンジニアリング投資額は大きいか	新しいコードおよび古いコードの両者をデプロイするまでは見続けなければならないため、単純に2倍以上のコストがかかる	古いコードだけを見るので、投資額は今まで通り
リプレイスに時間がかかるか	新規開発は古いコードと新しいコードの両者で行わなければならないため、2倍以上の時間がかかる。	古いコードに対してのみ行うので対象の変更だけで済む
リプレイスを実施するメリット	古いコードの仕組みがわからなくても置き換えられる。以後メンテナビリティやテスタビリティなどが約束されており、ビジネスのスケールにも追従しやすくなる	
リプレイスを実施するデメリット	やれることの範囲が小さくなるため、やりたいことに対して大きなコストがかかる	穴の空いたバケツを必死に漏れないように雑巾や手、布なので当てているような状況であり、根本解決にはならない

フルリプレイスをするにしろ、部分的なリプレイスをするにしろ、業務ドメインの知識は必要となります。

また、やみくもにフルリプレイスを行うと、場合によっては問題が生じた際にロールバックができない可能性もあるため（たとえば、DBのスキーマの大規模な変更など）、長時間にわたる大規模障害となる可能性もあります。

さらに、既存のシステムのメンテナンスをしながら、並行して新規で設計などが必要になるため、場合によっては、数カ月から数年のスパンが必要になります。故に、今本当に必要な対応であるかを見極める必要があります。

また、システムの全容を把握しているメンバーが社内にいなかったり、マニュアルがそもそも整備されていないこともケースとしてはありえます。理想をいえば、部分的なリプレイスを行いながらある程度のナレッジを回収しつつ、フルリプレイスの計画を立てるなど柔軟な対応を必要とします。

「フルリプレイスをしたほうが早い」と考えて提案をするエンジニアも中にはいますが、そのエンジニアが作ったアプリケーションもまた陳腐化してレガシーコードとして残留したり、場合によっては業務ドメインのヒアリングなどやコミュニケーションも多様に要求されるのにもかかわらず要求仕様を満たせずに、業務上支障をきたすことも考えられます。

ましてや会社の経営戦略やエクイティストーリーなどを加味しないで安易に提案を行うのは、ただただ無責任であり稚拙で愚かな行為です。

一方でアプリケーションは事業ドメインと密接に絡んでいる他、どれくらいの規模のアプリケーションとするべきかという観点から経営戦略やエクイティストーリーにも絡んできます。

故に、レガシーコードを改善するにあたって、経営戦略やエクイティストーリーの共有を閉じてしまったり、業務ドメインをうまく吸収できない状況では良いアプリケーションは生まれません。

3
レガシーコードを読む力

コードを読むプラクティス

　業務上では、頻繁に自分以外の書いたコードを読むことになります。また一方で過去の知識で自分が書いたコードと対峙することもあります。特に読み慣れないコードや、理解に時間がかかるようなコードに対峙したときはフラストレーションの1つにもなります。苦もなくコードを読み書きできるようになるには、他人が書いたコードを読んだり、写経をひたすら繰り返し、書いてあるコードの意味、書き方などひたすら学習するほかありません。

　エンジニアとして自信を持てるのは1万時間から3万時間もの期間を要するといわれています[2]。これは弁護士資格を取るのに必要だといわれてる6000時間[3]と比べて1.5倍から5倍です。

　そもそもエンジニアが経験する挫折率は9割[4]です。

　自分が書いたものを読むだけならまだしも、他の人間が書いたものを読んで意味を理解し、バグやセキュリティ的な脆弱性を発生させずに手を加えるのは並大抵にできることではありません。また、扱うプログラミング言語や事業ドメインが異なれば、覚えることも異なったり、プログラミング言語や事業ドメインの特性を理解する必要もあります。

　エンジニアとして成熟しているかどうかは第三者からの評価が必要であり、また自身も他者を評価できなければ、よりよいアプリケーションを生み出すことはできません。故に、他者のコードに日ごろから触れ続ける必要があると筆者は考えます。

　その手段として、たとえば、オープンソースソフトウェアへのコミットも1つの手段ですし、複業を行ってさまざまな知見を得るということも1つの手段です。また、個人でプロジェクトとしてサービスをリリースして第三者からレビューを受けたりなども1つの手法でしょう。

　いずれにしても、自分以外の人間が考えてアウトプットした結果を理解するプロセスや自分が理解した結果をアウトプットするプロセスが重要です。

[2]：https://github.com/breck7/30000hours
[3]：https://cpa-net.jp/cpa-course/cpa-faq/nanido.html
[4]：https://prtimes.jp/main/html/rd/p/000000005.000052865.html

　よりよいアプリケーションを作り続けるためには時勢を理解し、流行りのフレームワークやライブラリ、アーキテクチャなどにおいても新しい知識を常に身に付ける必要があります（これはエンジニア以外でもそうであろうと思いますが）。

　そのため、純粋に1万時間から3万時間の勉強時間では足りないこともまた事実です。

　時勢が変化した後の、コードを理解するためには、そもそも、それに至るまでの時勢も理解しなければなりません。当時は何が流行りのフレームワークだったのか、ライブラリだったのか、アーキテクチャだったのか、なぜ当時はそれが最適解だと考えられていたのか、などです。

　これらがわかれば「リプレイスは本当は必要ないかもしれない」「リプレイスは必要だ」といった技術的な意思決定の1つのファクターになるはずです。

　故に、レガシーコードを改善するには、日ごろからさまざまなコードを読み、時勢を理解し続けるということも重要であるといえます。

CHAPTER
04

レガシーコードを
改善するための準備

>>> **本章の概要**

　レガシーコードを改善するためには、コード自体を書き直す前段階として行わなければいけないことがあります。それは、会社の資金とレガシーコードを改善するための期間を用意する、既存のアプリケーションについて理解を深める、そしてアプリケーションを改善するために資金をエンジニア採用に充てる、の3つです。

　レガシーコードを改善することを目的とした採用ではなく、事業を継続して営むための採用でもあります。

　では、そもそも資金と期間はなぜ必要なのか、採用をする側がなぜアプリケーションの理解を深める必要があるのか、そしてどのようにエンジニアを採用するべきなのかを本章で解説します。

資金と期間の準備

　レガシーコードを改善するためには、それなりの資金と期間を要します。時間と人件費を多く費やすのは最初にシステム開発を行うときだと思われるかもしれませんが、その認識は誤りです。システムを維持するための活動には、場合によっては初期開発の数倍から数十倍ほどの時間を要することもありえます。

業務の複雑化とコストの関係

　もし、サービスが軌道に乗っていたと仮定したとき、サービスダウンの時間があるだけでも問題になりえます。また、変更したコードに問題があったとき、場合によってはサービスダウンの時間ができてしまうこともありえます。一度、動き出したものを止めずに変更を加えるのは容易ではありません。

　カレーライスのルーとライスを混ぜるのは簡単ですが、混ぜた後に白い米とルーを分ける作業は容易ではありません。

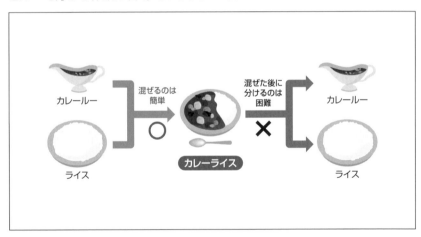

　レガシーコードを改善し、刷新したシステムに置き換えるためには、現行のアプリケーションの仕組みの把握から業務ドメインの把握まで幅広く理解する必要があります。

たとえば「特定の月末だけメールが送られる」といった機能が実装されていたり「特定のステータスのユーザーにメールを送る」という機能が実装されていたりしていたときに、これを細かく理解しているメンバーがいればよいですが、組織がサイロ化することによって、各々が知っている業務のスコープ（Scope of Work）は狭まることも考えられ、断片的な情報をかき集めるほかありません。システムに詳しいメンバーが退職をしてしまったり、別の部署に移ってしまったら、集めたい情報も集めることが困難になってしまいます。

現実に、アプリケーションは、ビジネスへの変化があったり、サービスの変化があれば、随時手が加えられていくものです。巨大化したアプリケーションのすべてを理解できる人は次第に減っていき、最終的には、断片的にしか知らないメンバーが増えていくのは当然です。

特に、会社という組織体は、人の入れ替わりや昇進がありうるものであり、当初からアプリケーション開発に携わっている人が、会社の投資ラウンドやフェーズが変わることでそのまま在籍している可能性や、昇進したため上級職やその他のチームへの配属になり、開発を行わなくなる可能性も否定できません。

● レガシーコードを改善するタイミングを見極める

これらの事情や背景を考えると、レガシーコードを改善するためには、入念なQA（Quality Assurance、品質保証）と、レガシーコードを改善するための期間を設けることが大切になってきます。期間を設けずに余った時間でできるだけ進めてしまうと、新たな技術的負債の温床となり、また改善を行うためのアクションを取る必要が出てきます。

レガシーコードを改善するタイミングであるのは、すなわち、ある程度、プロダクトが軌道に乗り、PMFした後に、顧客を増やし、売上や利益を伸ばすためのフェーズであるシリーズBのようなタイミングではないでしょうか。筆者の経験上、このようなタイミングで「開発するたびに不具合が出る（割れ窓理論）」であったり「思ったように開発が進まない」、「QAに時間がかかる」といった課題点が出てきます。しかし、売上や利益を伸ばすストーリーを描けなければシリーズCのファイナンスまで進めるのにも苦しい思いをしなければなりません。

これらの課題を解決するためにも、計画的なレガシーコードの改善は重要です。そうでなければ、事業計画上のKPIの達成度合いは鈍化していくことになります。

システムに新しい機能が増え複雑化していくと、仮説検証をするためには時間を費やす必要があります。さらに、機能が増えれば増えるほど、仮説検証のための時間がより必要になってきます。そのため、事業計画上でもあらかじめ、レガシーコードを改善するための資金と期間を設けることを前提に行うべきだといえます。

🔹 経営層との協調

資金と期間はどれくらい必要であるかを経営層に理解してもらうにはどうするかを考えることが重要です。理解してもらえずに、エンジニアやプロダクトマネージャーの独断で進めてはいけません。

重要性を説かないまま進めてしまうと、経営層からストップがかかってしまったとき、中断せざるを得なくなりレガシーコードの改善を行えなくなります。そうして、また継ぎ接ぎの実装が始まり、負のスパイラルになってしまいます。経営層もエンジニアもお互いそれを望んでいるものではないはずです。

DeNAの南場氏のインタビュー記事[1]でも、幾度の不安定なアプリケーションによって資金が費やされていくことから、エンジニアリングの重要性を説いています。

資金が何に費やされるのかというと、エンジニアの人件費です。今レガシーコードを改善することで、どれだけ人件費が削減できるかが要です。

人件費とは何を指しているのでしょうか。開発する工数が長いと、それだけ賃金としてエンジニアの人件費を支払っていく必要があります。逆に開発工数が短いと、日数が余るためその分、他の開発が可能となり、プロジェクトで費やすエンジニアの人件費を削減できているという見方ができます。

 [1]：https://logmi.jp/tech/articles/325823

🔹 見積もりの心得

　そのためリファクタリングやリプレイスといったレガシーコードを改善するためには、どれだけコストが削減できるのかを、経営層や投資家に向けて説く必要があります。リプレイスやリファクタリングにおいては不確実性はあるものの、次のようなデータをもとに対話を進めるのがよいでしょう。

■1 過去の開発人数と変更までのリードタイムの推移（実績）から予想を行う。

■2 リプレイスした場合、リファクタリングをした場合、このまま開発した場合の
　　3つほどのケースをもとにエンジニアにかかる人件費を算出する。

　■1については、シリーズB前後になれば、やみくもに開発していた時期とは異なり、過去の要求仕様から開発完了後のデプロイまでのリードタイムを用いてどれくらいの時間がかかったのか実績を算出することが可能なはずです。実績を出したのち、その実績に伴ってある程度の予想を描くことが可能です。

　定量的でないから信憑性がないと感じる人もいるかもしれません。それは事業戦略も同じです。事業戦略も不確実性があったり定量的ではないから、IPO以後の企業で上方修正や下方修正が行われます。上方修正と下方修正が禁止された場合を想像してみてください。そのようなビジネスは不可能だと感じるはずです。なぜなら、事業戦略はその時折による市況の変動、顧客のニーズの変化、社会経済、国際経済などが幅広く影響してくるからです。

　とはいえ、事業戦略は予想したからには、予想通りに遂行していかなければなりません。予算を使い切らないといけないという事象が発生するのも、これが原因です。お金が残っているのであれば、残せばいいというわけにはいかないのです。一方でエンジニアの人件費についても「本当に採用ができるかわからない」「人が辞めるかもしれない」「体調を崩して思ったようにコミットできない」といった不確実性はあります。それも、織り込むのです。

　つまり数パターン作る必要があるわけです。1つのパターンで済むものではありません。事業戦略も過去の実績から出していることがほとんどなので、定量的で信憑性はないからと、やらない理由を示すのではなく、どうやれば経営側に必要性を説けるかという理由を探すほうにフォーカスしたほうがよいです。

2は、1で解説した数パターンに加え、フルリプレイスした場合、リファクタリングした場合、このまま開発した場合といった複数のファクターからパターンを作って説くとより説得力が増します。比較対象もないまま、物事を意思決定するのはギャンブルです。信頼性が十分だったとしても決断には勇気が必要です。

過去に戻ることはできないため、その意思決定が運命の分かれ道になる可能性もあります。特に会社のキャッシュ事情というのは残酷であり、選択によっては、会社が倒産しかねません。仮に会社が倒産してしまったら何も残りません。

そのため、何がいま現時点で最善の策であるかを模索するためにも、さまざまなパターンを出しておくべきでしょう。

もし、仮にあなたがマンションを購入するとしたとき、購入したマンションに後悔を感じてしまったら、満足がいかないままローンだけ払い続けなければなりません。そうならないためにも、さまざまなマンションを比較検討したり、価格や立地、地価が上がりそうかなど、さまざまな情報から損をしないように、マンションの購入を意思決定するはずです。

比較検討すらしておらず、エンジニアが言った通りにしろというのは、不動産屋から「自分たちの言う通りにするべき」と言われているのと何ら変わらないわけです。

これらから、たとえば次のグラフのように、見せるとよいでしょう（次ページの図は、1人あたりのエンジニアの年収を600万円（1カ月あたり50万円）とし、最大で10人雇う必要があるというのを見せています）。

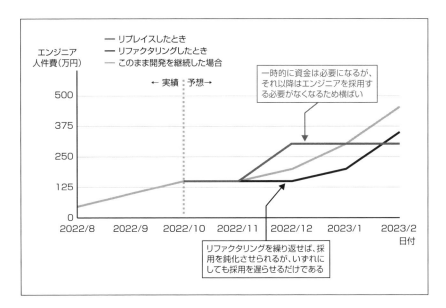

また、これらは密接に要員計画とも紐付いているため、場合によっては要員計画とあわせて作成することも求められます。

⬢ 優秀なエンジニアを雇えば、コストは低くできるのか

優秀なエンジニアを雇えば、そうではないエンジニアより何倍ものパフォーマンスが出ると主張するエンジニアがいます。

「Great People Are Overrated」[2]という2011年の記事には次のように書かれています。

He told Polly LaBarre and me for our book, Mavericks at Work[3]. "Five great programmers can completely outperform 1,000 mediocre programmers."

日本語に意訳すると次のようになります。

Polly LaBarreと私たちの著書であるMavericks as Workでは"5人の優秀なプログラマーのパフォーマンスは1000人の平凡なプログラマーを超越する"と話している。

[2]：https://hbr.org/2011/06/great-people-are-overrated
[3]：https://www.amazon.co.jp/dp/0060779624

ですが、この記事はスポーツチームのスーパースターでの例えを交え、5人の優秀なプログラマーを雇うことだけが正解なのか、という疑問を投げかけています。

優秀なエンジニアを獲得するために、企業の買収を行っていき、会社の成長において成功を納めた事例の1人としてMeta社のマーク・ザッカーバーグ氏が筆頭に上げられていることが触れられています。シリコンバレーではザッカーバーグ氏のようなスーパースターを獲得するために、過剰な投資が行われているようです。

エンジニアではなく、ウォール街の投資銀行に所属する1000人以上のアナリスト目を向けると、どうでしょうか。

> .. star analysts who change firms suffer an immediate and lasting decline in performance ...

上記のように書かれており「優秀なアナリストは、会社が変わるとパフォーマンスが悪化する」と書かれており、また、これに加えて次のようにも続いて書かれています。

> ... Their earlier excellence appears to have depended heavily on their former firms' general and proprietary resources, organizational cultures, networks, and colleagues ...

「彼らの以前の優秀さは、彼らの在籍していた企業の一般的なリソース、組織カルチャー、（人的・会社の）ネットワーク、同僚に重く依存している」と書かれています。

もちろん、例外はあるものの、会社を変えたほとんどのアナリストは、上記のようにパフォーマンスが悪化してしまっているということが、ボリス・グロイスバーグ氏[4]の著書で語られています。

[4]：https://press.princeton.edu/books/paperback/9780691154510/chasing-stars

これは、エンジニアにも当てはまることはあるでしょう。エンジニアによっても例外はあるものの、得意不得意があるはずです。たとえば、バックエンドの開発が得意なエンジニア、フロントエンドの開発が得意なエンジニア、インフラやDevOpsが得意なエンジニア、フルスタックではあるがアーキテクチャが苦手などさまざまなエンジニアの種類がいるはずです。そして、さらに加えて会社のカルチャーに適合できるエンジニア、適合できないエンジニアももちろん、いるはずです。

🔹「優秀さ」にもさまざまな意味がある

プロダクト開発において、「0→1」のようなフルスクラッチからの開発を得意とするエンジニア、「1→10」のようなサービスに付加価値を付けていく開発を得意とするエンジニア、「10→100」などのサービスに安定性を担保していく開発を得意とするエンジニアもいるはずです。

得意というのは、それを好むかどうかではなく、最善のパフォーマンスを発揮できるかで考えるものです。

そして、好みの問題もあります。好みとパフォーマンスを発揮できるかどうかは必ずしもイコールではないのです。たとえば、パフォーマンスは発揮できないが、アーキテクチャを考えるのが好きといった人物がいたり、ゼロからコードを書いていくことが好きであるが、不具合に対しては無頓着であったりなど、本人が自覚しているケースとそうではないケースもあります。

このような無数にあるファクターを考慮したとき、運良く採用がうまくいき、スタートアップに入社した優秀なエンジニアは必ずしもパフォーマンスが出るとは限らないというのは自明です。

まったく適性のない人を、何も考えずに採用するのはナンセンスですが、優秀なエンジニアが必ずしも全知全能であると錯覚してはいけません。そして、優秀なエンジニアが入社すれば数倍、数十倍のパフォーマンスが出るという確証はどこにもないのです。ましてや、優秀なエンジニアが辞めずに続けてくれるという確証もありません。

さらにいえば、優秀なエンジニアの「優秀な」という部分は何でしょうか。優秀というのは、会社に最適化されていて優秀なのか、ポータブルなハードスキルを持っていて優秀なのか意味が異なります。前提条件の認識を合わせないと会話ですれ違いが起きてしまいます。

　「優秀なエンジニア」と呼ばれていた人がスタートアップに入社して、本領を発揮できない場合は、果たして「優秀なエンジニア」といえるのでしょうか。

　逆に、平凡なエンジニアと呼ばれていた人がスタートアップに入社して、ものすごいパフォーマンスを出している場合は、果たして「平凡なエンジニア」といえるのでしょうか。

　後述の「採用の準備」で詳しく解説しますが、「優秀なエンジニア」の定義は会社や人によって異なるため、採用をするにあたっては、どのような定義に基づいて優秀であるかを熟考しなければなりません。

　そして、今どういうエンジニアが必要で、どのくらいの期間在籍していてほしいのかも考えていく必要があります。

アプリケーションの把握

　レガシーコードを改善するためには、現状のアプリケーションにどういった ペインがあるのかを調査する必要があります。レガシーコードといっても次の ようにさまざまな視点があるはずです。

- コードのリーダビリティ
- メンテナビリティの欠如
- 開発パフォーマンスの低下
- CI/CD・DevOps などのしにくさ
- セキュリティ的な懸念
- その他

　これらの課題に対して、何をすればよいか考えるためには、まずアプリケー ションの現状の状態を把握するほかありません。それは、コードを読んで理解 するのか、実際に開発しているメンバーに対してヒアリングするのかなど、さ まざまな方法があります。こうした課題の共有を適切に行えないと、エンジニ アリングでは重要なことであっても、経営層や投資家から理解を得ることはで きません。経営層は、何が現状の課題なのかわからないと、採用などのキャッ シュアウトが増加する選択をできません。

　美しいコードでも、会社のフェーズによってはただの技術的負債になりえる こともありますし、1年は大丈夫でも、それを過ぎたら技術的負債となるいわ ゆる潜在的技術的負債であったり、新しく入社した人にとっては技術的負債に 見えるようなものであったり、さまざまなケースが考えられます。

　そのためには、特に経営に近い層は、エンジニアリングに対して興味関心 をいだき、現状のエンジニアリングに対しての課題を正しく認知する必要があ ります。

　アプリケーションは事業のフェーズによって要求仕様が異なってくることは 明白です。なぜなら、顧客のニーズによって対応すべき要求仕様が異なって くるためです。そうなったとき、その当時は必要だったと思われていたものが、 技術的負債となり、それがレガシーコードの1つになります。

　これは防ぎようのない事実です。故に、アプリケーションは要求仕様が変わったとしても柔軟に置き換えられるようなインタフェースの設計などが求められるのはそのためです。

　いずれにしても、レガシーコードについては、課題点を整理した上で、何を解決したいかを見出さなければなりません。すべての課題を同時に解決しようとすると想像よりも遥かに時間を費やし、ビジネスの成長を妨げる結果となります。

採用の準備

　資金と期間について理解が深まったところで、実際にレガシーコードを改善するためにエンジニアの採用を行う必要が出てきます。もちろん、エンジニアの数が充足しているのであれば、採用の必要はないかもしれません。ただ、リプレイスやリファクタリングによって、エンジニアの工数が割かれるため、それを加味した上で、採用の是非を意思決定する必要があるでしょう。

　さて、エンジニア採用に必要なことは何でしょうか。エンジニア採用を行うにあたって、さまざまな書籍で方法などが語られていますが、本書ではレガシーコードを改善するためにどのような採用を進めればよいかを解説していきます。

　CHAPTER 01で、採用できる年収レンジが、事業のフェーズや資金調達の状況によって異なるということを解説しています。これは、優秀なエンジニアが採用できないといっているのではなく、限られたキャッシュの中でどれだけ優秀なエンジニアにアプローチできるか、優秀なエンジニアにアプローチできないときに、ジュニアやミドルなエンジニアを雇うのか、戦略を考える必要があるという意味です。

　そもそも、優秀なエンジニアとは何でしょうか。「開発速度が早い」「クオリティ高く実装できる」「セキュリティ高く実装できる」「不具合なく実装できる」「1言ったことを10にして開発してくれる」と、さまざまな考え方がありますが、これらの定義は人によって異なります。

　そのため、まずは**今の会社にとって優秀なエンジニアとは何か**を定義する必要があります。

　なぜなら、優秀なエンジニアというのは会社のフェーズによって変わるためです。たとえば、あなたが家を賃貸で借りるときに見るのは何でしょうか。「タワーマンション」「立地」「使える路線」「風呂トイレ別」「セキュリティ」など、さまざまな観点があるはずです。これらをすべて満たそうとすると相当の家賃を支払わなければなりません。

　スタートアップというのは、はじめて一人暮らしをする若者で、地方から上京して間もなくでお金がない状態です。親からの仕送りを投資家からの投資や融資だと考えるとわかりやすいでしょうか。その範囲で、どこまでできるかを考えるべきです。これを採用に置き換えてみましょう。

　次のようにさまざまなケースを考えて採用すべき人材のペルソナを考えていく必要があります。

- PoCを急ぎたいのか
- PMFを急ぎたいのか
- 開発効率を上げたいのか
- 不具合を極限まで減らしたいのか
- セキュリティを堅牢性のあるものにしたいのか

　本書を見ている方のペインはおそらく、レガシーコードがあるということではないでしょうか。レガシーコードをなぜ改善する必要があるのかといった点からブレイクダウンしてペルソナを考えていく必要があるでしょう。

🌐 技術者ペルソナのブレイクダウン

　レガシーコードや技術的負債の1つの言葉をとってもCHAPTER 01で書いてあるように、さまざまなものがあります。たとえば、テストが難しい状態を指しているのか、開発効率が遅いことを指しているのかなどです。

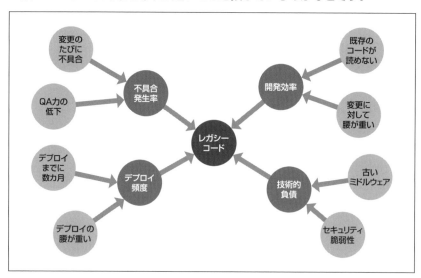

　ペルソナを定義できたら、評価制度・給与テーブル・福利厚生などを考えていきます。レガシーコードを改善するのにあたって、スタートアップではおそらく投資ラウンドはシリーズAからBに位置するのではないでしょうか。大企業の一プロジェクトであれば、ある程度、軌道に乗ったサービスを運営している状況でしょうか。

　採用を行う会社が何をアピールするべきか、という点ですが、これは採用市場における退職の動向からある程度、推測することができます。退職の動向を調べるときは大手の転職サービスなどのアンケート結果から見ていくとよいのでしょう。

■ITエンジニア

順位	前年度	転職理由	割合	前年度比
1位	1位	ほかにやりたい仕事がある	13.9%	0.0pt
2位	2位	専門知識・技術を習得したい	13.2%	1.8pt
3位	3位	給与に不満がある	8.9%	-2.4pt
4位	4位	業界の先行きが不安	8.1%	0.2pt
5位	6位	市場価値を上げたい	7.7%	1.0pt
6位	5位	会社の将来性が不安	6.6%	-0.7pt
7位	8位	幅広い経験・知識を積みたい	5.4%	0.3pt
8位	7位	残業が多い／休日が少ない	4.2%	-1.0pt
9位	10位	U・Iターンしたい	3.4%	-0.3pt
10位	17位	倒産／リストラ／契約期間の満了	3.4%	2.3pt

※前回比について：＋0.5%以上・・・赤字 、 -0.5%以下・・・青字

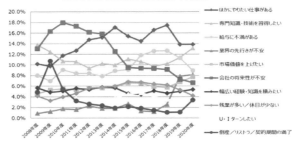

【ITエンジニア】転職理由の経年変化（年度別）

※引用：https://www.saiyo-doda.jp/lp/ma/reason/2020/002.html

　たとえば、上記のようなDODAを扱っているパーソルキャリア株式会社の情報をもとに制度の設計を考えてみます。上記表では「ほかにやりたい仕事があるという」「専門知識・技術を習得したい」「給与に不満がある」などが挙げられています。

　ここから考えられるのは「さまざまなフィールドを用意する」「技術者としてスキルアップできるフィールドを用意する」「給与を市場から乖離させない、またはそれよりも多く支払う」などといった方法です。

　次に、これらを満たせるかどうかを考える必要があります。満たせない場合は、満たせるものをよりアピールしていく必要があります。たとえば、「技術者としてスキルアップできるフィールドを用意する」ですが、経営層たちが決めるのではなく、エンジニア本人たちの意思でさまざまな技術スタックを導入できるようにしたりなどの工夫をこらすことができるはずです。

　さらに、事業計画から、何人のエンジニアを採用すればよい（ヘッドカウント）のかを考える必要があります。P/L上およびキャッシュフロー上から、ランウェイがどれくらいで、資金調達の目処はいつごろなのか、成長戦略はどうなっていくのか、といったところでしょうか。これらを加味してようやく、採用すべきエンジニアのヘッドカウント数を導き出すことが可能です。

　たとえば1年後に次の資金調達を計画しており、ランウェイが3年あったとしたとき、次の投資ラウンドのバリュエーションをいくらにしたいかを加味します。そうしたとき、ランウェイを仮に2年にしたとき、1年分余力が生まれるはずです。その1年分の投資を行うことでどれくらいバリュエーションを向上させられるのかを加味する……など、さまざまなパターンで算出していくことになります。

🔷 採用市場を見たブレイクダウン

　次に、扱うプログラミング言語の市場を考えます。「エンジニアがやりたい言語をやってもらう」「今のプロダクトに最適な言語を選ぼう」と思っているかもしれませんが、資金の状況に応じては、これは悪手になりかねません。たとえば、Rustという言語をエンジニアがやりたいとなり、現状のプロダクトに最適であるという論拠があったとします。そのとき、採用市場を加味せずに推し進めてしまったとしたら、それを率先したエンジニアが退職してしまい、次の後任が見つかりにくいとなった場合、事業としては危機になってしまいます。

　採用市場というのは、求人数に対してどれだけ、その言語を扱えるエンジニアがいるのか、求人倍率はどのくらいなのか、さまざまなファクターで見る必要があります（下記の表はForkwell[5]を候補者側から見たときの数字です）。

言語	求人数	年収・単価レンジ（最小）	年収・単価レンジ（最大）
Rust	22人	400万円	1500万円
PHP	326人	300万円	2000万円

　ただ、プログラミング言語で候補者を選定するというのは本質的ではありません。会社が求めているのは、特定のプログラミング言語を扱えることではなく、事業を継続するために会社が要求するアプリケーションを開発ができるか、です。要求するアプリケーションの中に、その特定のプログラミング言語が扱えるということが条件となってくるのです。

　次に、それぞれのキーワードについて検索がどれくらいなされているかをGoogleトレンド[6]で調べてみます。

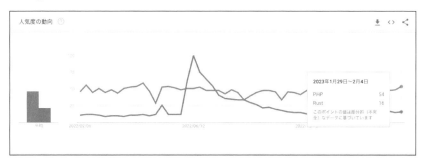

　Googleトレンドからもわかるように、PHPで検索されているケースのほうが多く、それに加えて求人数も多いことから、PHPのほうがRustよりも需要がありそうであると考えることもできます。

　また、求人数に関してもRustよりも14倍ほど多いことから、ニーズが多い、つまりエンジニアの総数も多いのではないかと考えることもできます。

　実際は採用媒体によって潜在しているエンジニアの得意領域は異なります。

　また、より信憑性のある数字を求めるのであれば、各採用媒体とコミュニケーションを取り、どういうレベル感のエンジニアが登録しているかヒアリングすることも可能でしょう。

　このように、レガシーコードを改善するには、採用も重要な1つの指標であることを考えるべきでしょう。

[5]：https://jobs.forkwell.com/
[6]：https://trends.google.co.jp/trends/explore?gen=.JP&q=PHP,Rust

COLUMN
好きなプログラミング言語やライブラリを使うのは問題なのか

　数ある企業の中では、尖った技術選定をあえて行っている企業もあります。企業戦略の1つとして注目を集めてエンジニアを呼び込みたいというのも理由としてあるでしょう。ある程度、資金に余裕があればこのような選択を行い、いろいろな人の目に触れることで採用を有利に進めようと働くことも可能になります。

　では、一方でシード期やエンジェル期ではどうでしょうか。ミニマムなプロダクトであるのに、スペックが逸脱しているようなもので開発するのは、**オーバーエンジニアリング**となります。オーバーエンジニアリングは、扱えるエンジニアが限られるため、結果としてメンテナンスが行き届かず技術的負債になりえます。そのため、他のエンジニアも扱えるようにリプレイスをする必要性を考えなければなりません。

　エンジニアがやりたいことと、会社がどれだけ存続できるかなど密接に関わるポイントであるので、どこまでお互いが歩み寄れるのかを考えていくほかないでしょう。そして、尖った技術選定を行った先には、インシデントが発生したときのリカバリーをどうやるかもセットで考える必要もあります。もし、尖った技術選定をうまく使いこなせるメンバーでチームを構成できれば、それはクリエイティブなことでかつ、最善な選択肢になりうるでしょう。

　さまざまなプログラミング言語やライブラリを扱うということには、エンジニアの興味を惹きやすいという点でも大きいメリットになります。先ほどでも解説しているように、尖った技術選定は採用戦略の1つでもあります。たとえば、エンジニア本人がやってみたいと思っている技術を導入できたら、楽しいと考えるでしょう。それを動いているプロダクトに適用できたときには当人たちには、さまざまな知見がインプットされていきますし、その知見を皮切りにコミュニティ全体に広がっていき、良いスパイラルを生み出せるのもまた事実です。

　しかし、過度な自由さはかえって不自由を生み出します。メリットデメリットを鑑みながら採用戦略を練る必要があります。

COLUMN
マーケットから見た採用戦略

　会社のバリュエーションは、さまざまな要因によって決められます。

　それは、市場規模（Total Addressable Market、TAM）であったり、その市場からどれだけ顧客にお金を使ってもらえるかの最大値（Serviceable Available Market、SAM）、その企業が実際にどれだけのお金を使ってもらえるのか（Serviceable Obtainable Market、SOM）などからバリュエーションが求められていきます。

TAM、SAM、SOMの違い

TAM : Total Addressable Market
→ある事業が獲得できる可能性のある全体の市場規模

SAM : Serviceable Available Market
→ある事業が獲得しうる最大の市場規模

SOM : Serviceable Obtainable Market
→ある事業が実際にアプローチできる顧客の市場規模

※引用：https://www.utokyo-ipc.co.jp/column/tam-market-size/

　これらの計算式はさまざまな書籍でも用意されているので、ぜひ参考にしてください（本書では割愛します）。

　市場規模が小さかったり、すでにある小さい市場に参入するということであれば、企業としての価値は低くなりやすい傾向（成長可能性が低いため）があり、逆に市場規模が大きいが、ほとんどが手が付けられていなかったり、大きい市場である一定以上の売上を上げられるのであれば、企業の価値は高くなりやすい傾向があります（成長可能性があるため）。

　もちろん、マーケットのサイズからエクイティーストーリーに限度があったり、VCやファンドからのファイナンスによる投資額がいくらなのか、といったところも加味されてきます。

事業のマーケットの大きさによって、人的コストの予算が変わります。そのため、正社員でエンジニアを雇う必要があるのかどうかも考える必要があります。小さいマーケットであるのにエンジニアリング投資をし続けていても費用対効果の薄いでしょう。そのようなときは、請負会社への発注や、一時的にフリーランスと契約するという選択肢もありえます。

正社員のエンジニアにこだわるのではなく、そもそも事業ドメインとしてエンジニアが必要なフィールドであるのか、市場で戦うための武器はなにかを考える必要があるといえます。

COLUMN
成熟した組織に入ったエンジニアの宿命

後から入社したエンジニアの多くは、社内で新しいプロジェクトが動きアサインされなければ、過去に誰かが作り上げた巨塔をただひたすら磨き続ける仕事になりやすいでしょう。スタートアップであればシリーズが進んだり、そもそも大企業であれば、裁量がどうしても狭まってしまうことから、フルスクラッチでの開発機会というのは、ほとんど訪れることはありません。

また、フルスクラッチの開発機会を作ろうと、社内で何かしらのプロジェクトを立ち上げたとしても、既存システムのリソースや、手法などが踏襲されやすい傾向であるため、PoCやPMFのフェーズのときよりも、柔軟性に欠けるのではないでしょうか。

もちろん、会社によっては極力配慮した上で、既存システムとは関わりなくアプリケーション開発をさせてくれることもあります。だとしても、それが可能なのは組織やサービスが生んだ余力のおかげです。それは、既存のヒト・モノ・カネといったリソースに依存しているほかなりません。

つまり、本当のスタートアップ初期のフルスクラッチで開発を行うという経験が得られるのは、スタートアップであればレイターステージに向かえば向かうほど、そして大企業であれば根本的に難しくなってきます。

　たとえば子会社を立てて、出向し、親会社からの投資で行うなどの手段があるとすれば、また話は違うかもしれません。しかし、そのタイミングが訪れたとして、そのプロジェクトに関われる機会が登場するかどうかについても不明瞭です。

　そう考えると一部のエンジニアは「スタートアップの初期からいたほうが、自由にやれていいのではないか」と考え、スタートアップの、特にシード前後に転職することもあるでしょう。

　ところがシード期に入社したエンジニアの宿命としては、PoCやPMFのために、秩序が保たれなくなりつつあるプログラムを書いてくこととなり、自らが割れた窓を作る張本人になるかもしれません。もし、あなたが、この結末を望まないのであれば、自己資金がある企業であるかを見極めたり、キャッシュフローに余裕のある会社であるのか見極めるためにもビジネス的素養と会計的素養が必要になります。

　雇われのエンジニアとしてフルスクラッチで、裁量が高くかつ、キャッシュの心配なくアプリケーションの開発ができる、夢のような職場に巡り合うのは、難しいといえます。スタートアップの特性と大企業での開発の違いを理解した上で、あなたに合う会社を見つけることが重要です。

4

レガシーコードを改善するための準備

CHAPTER
05

レガシーコードを
改善する

▶▶▶ 本章の概要

　レガシーコードを改善するための準備を前章では解説しました。
　ビジネスがスケールしたり、組織がスケールしたりすると、要求されるシステムが変わってきます。今まで仕様通り動いていたシステムも、仕様に追従できていないことになってしまいます。仕様に追従させるために、リファクタリングを行っていく必要がありますが、安全にリファクタリングをするにはどうしたらよいでしょうか。自分が触ったことのない領域に手を加えるのは腰が引けるかもしれません。
　本章では、どのようにレガシーコードの改善に着手したらよいのか、そして次のレガシーコードを生み出さないためにはどのようにしたらよいのか解説していきます。

ドキュメントの重要性

　レガシーコードを改善するにあたって、ドキュメントは特に重要だということを噛みしめることになります。

　特にPoCやPMFのために実装をしては壊すということを繰り返しているとドキュメントを書くための時間が惜しくなり、結果として、ドキュメントがないままプロダクションに乗っかってしまったアプリケーションが稼働してしまうということは多々あることではないでしょうか。

　ドキュメントはテクニカルライティングも重要になってきます。ドキュメントの所在は分散しやすく、実装された背景などがコード上に書かれていたり、社内の共通ドキュメンテーションツールに書かれていたりします。

　また、人が書くものであることから、どこまでをドキュメントに残すべきかについても個々によって異なります。また一部の界隈では「コードがドキュメントである」と唱える人もいます[1]。

　しかし、後から入社したエンジニアが、そのコードが書かれた背景を汲み取るのは、至難の業です。では、ドキュメントに何を残すべきでしょうか。また、コード上には何を残すべきでしょうか。

　これについては、さまざまな言説がありますが、ドキュメントを残したい目的によって異なります。

- 次に入るエンジニアのOJTを手っ取り早く済ませたい
- 感覚値を含めた属人的なものを排除して、誰もが同じクオリティを出せるようにしたい
- 背景を理解してもらうことでよりアプリケーションの理解度を高めてもらい、顧客が本当に求めているものを提供する etc.

　これらの要件は、事業のフェーズや組織体制によって変わります。たとえば、エンジェル期に属人性の排除を徹底したいと思うかというと、そこまでコストをかけるのは現実問題として厳しいと判断するのではないでしょうか。

---

[1]：唱えている本人は冗談で言っている場合も往々にしてありますが、コードの可読性が低いのにもかかわらず、(面倒であることから)ドキュメントを作成しないことを正当化しようとしている場合もあります。この発言を受けた場合は、どちらで言っているのか意図を汲み取る必要があるでしょう。

一方で、レイターステージに進むにつれて、属人性を排除するためにも、ドキュメントを残したいという傾向が顕著にあらわれてきます。なぜなら、事業は従業員の退職があったとしても安定的かつ継続的に運用する必要があるためです。

エンジニアに限らずですが、若年層の退職の周期は、3年前後というデータがあります[2]。

このような周期で入退職が繰り返されると本来どんな事業戦略をもとに開発方針を立てていたのか伝え続けるのが難しくなり、チームの統制が効かなくなってしまいます。結果、意思決定のプロセスが煩雑になってくる可能性もゼロではありません。

では、どうすればよいでしょうか。レガシーコードを改善するためには、ドキュメントを残すための枠組みを作っていくことも重要であるといえます。

ドキュメントを残すためのカルチャーや枠組みがなければ、そもそもドキュメントを残す選択肢を取ることが難しくなってきてしまします。

テクニカルライティングという手法を用いて、伝えたい意図を残したまま、ドキュメントのメンテナンスを行えるようにするとよいでしょう。

🔹 テクニカルライティング

では、テクニカルライティングではどういうことを求められるのでしょうか。テクニカルライティングは、一般財団法人テクニカルコミュニケーター協会[3]が資格を設けています。また、他にもサイボウズ株式会社より「テクニカルライティングの基本」というスライドが公開されています[4]。

テクニカルコミュニケーター協会によれば、「日本語の書き方、推敲」「文書構造」「コンプライアンス（法令遵守）」などがテクニカルライティングで求められる内容になっています。

その他にも、テクニカルライティングを行うにあたって、ISO 9241-11[5]を簡易的に解説したIPAのドキュメント[6]が参考になります。

[2] : https://note.com/makaibito/n/nea710b95a00b#A8eDm
[3] : https://www.jtca.org/certificate_exam/exam_renewal.html
[4] : https://speakerdeck.com/naohiro_nakata/technicalwriting
[5] : https://www.gifu-nct.ac.jp/elec/deguchi/sotsuron/toyoshi/node6.html
[6] : https://www.ipa.go.jp/archive/publish/qv6pgp0000000xdn-att/000005114.pdf

ドキュメントで意図を正しくかつ、価値があるものであると伝えるためには、次の4つが必要条件となります。

- Effectiveness（有効さ）
- Efficiency（効率）
- Satisfaction（満足度）
- Context of use（利用状況）

ドキュメントにおけるユーザービリティの尺度は、人によって異なります。たとえば、アクセシビリティを含むか含まないかで、目の不自由な方についてどこまで対応するか、耳の不自由な方に対してどこまで対応するかが変わってきます。

そもそも、ドキュメントはどういうときに読みたくなるのでしょうか。「作られた背景を知りたいとき」「不明瞭な事象が発生した場合にどのように解決すればよいのか知りたいとき」「誰が担当者なのか知りたいとき」など、ケースによってはさまざまです。少なくともドキュメントは業務を円滑に回すための1つの手段です。

また、ドキュメントを読む人が、エンジニアだけとは限らない場合があります。たとえばシステムの仕様が記載されているドキュメントなどは、そのシステムを使用するエンジニアではない別のメンバーが読む可能性もあります。

🔲 プレゼンテーション手法として考える

「有効さ」「効率」「満足度」「利用状況」の指標に加えて、バランスも重要です。プレゼンテーションにたとえて考えてみましょう。

ピッチイベントや、何かしらのカンファレンスでプレゼンテーションする機会があったとします。プレゼンテーションのテクニックも次のようにさまざまです。

- エレベーターピッチ（プレゼンテーションそのもののテクニック）
- スライド（プレゼンテーションする際に用いる資料のこと）を必要最低限のコンテンツにし、プレゼンテーション時にスライドを補完するテクニック
- スライドを後から見直したときでも、内容が独り歩きしないように細かく書くテクニック

エレベーターピッチとは何でしょうか。諸説ありますが、一般的な解釈としてエレベーターに乗っている間に販売製品や会社についての魅力を伝えることです。

エレベーターはだいたい30秒〜1分といった短い時間で降りる必要があります。エレベーターピッチでは、この短い時間で相手に最大限伝えなければなりません。何よりも最大の目的は、興味をそそるキーワードを覚えてもらうということです。しかし、時間に限りがあるため、より深い魅力を伝えることは難しいです。このテクニックは経営者やビジネスパーソンがよく使います。

次に、スライドを必要最小限のコンテンツにするテクニックですが、これはスライドを作る時間を節約したり、抽象的に物事を伝えたいようなときに役立ちます。特にプレゼンテーション特有の魅力を、参加したオーディエンスに感じてもらいやすくします。結果として、参加してよかったと思えるように働きかけることができます。

しかし、スライドを外部に公開した場合、参加していない人に伝わらないこともあります。

内容が独り歩きしないように細かく書くテクニックでは、先ほどの課題を解決することができます。細かく書くことで、プレゼンテーションに参加していない人にも伝えたい意図が伝えられます。

ただし、デメリットとしては、スライドの作成に多大な時間をかけてしまったり、要点がうまく整理できていないと結局ノイズが多く、本当に伝えたい意図が伝わらなくなってしまうことです。

他にも、プレゼンテーション時の資料として使う場合は、離れている席であれば、見えにくくなってしまう可能性も否めません。また、スライドを読むことに集中してしまい、プレゼンテーション時のトークの内容が頭に入らないことも考えられます。

これらのテクニックの特徴からドキュメントに必要なものには、どのような要素があるでしょうか。内容が独り歩きせずに、どのタイミングで入ったメンバーにも伝えられるようにしたほうがよいはずです。そのため、ドキュメントは時間をかけて推敲した上で書くとよいでしょう。しかし、ボリュームが多大なドキュメントをメンテナンスするのも至難の業です。仮に読めても意図が伝わらないかもしれません。そうするとドキュメントを書くことが面倒くさいとさえ感じてしまうでしょう。

ドキュメントに必要な情報は、4つの必要条件を満たすものに加え、情報の詳しさがバランス良く整理されていることです。

5

レガシーコードを改善する

📦 情報整理のためのフレームワーク

では、情報はどのように整理すればよいでしょうか。情報を整理するための
フレームワークはさまざまです。本章では、ビジネスシーンでよく用いられる
次の3つを紹介します。ドキュメントで伝えたいケースに応じて、1つから複数
のフレームワークを用いたりします。

- MECE
- ロジックツリー
- マトリックス図

◆ MECE

MECEとは日本語ではミーシーと読みます。これは「全体像を漏れなく、重
なっている部分がない（ダブっていない）状態とする」ことを指します。もともと
との英単語である「Mutually Exclusive and Collectively Exhastive」
の頭字語（頭文字を取った造語）です。

ドキュメントは読む人の職種や背景に応じて、書き分ける必要が生じる場合
があります。このMECEに則ることで、文章の意味が点在したり、伝えたいこ
とが漏れていないかどうかを判断するための材料にできます。また、ドキュメ
ントが職種や背景に応じて読みやすいか、そうでないかを客観的に測る指標
としても一役買います。

では、どのようなものがMECEといえるのでしょうか。逆にどのようなもの
がMECEといえないのでしょうか。

3つの「開発部」「マーケティング部」「カスタマーサポート部」という部署で
考えてみます。このどれか1つが欠けていた場合は、ドキュメントにおいての
考慮が漏れていることとなり、MECEとはいえません。

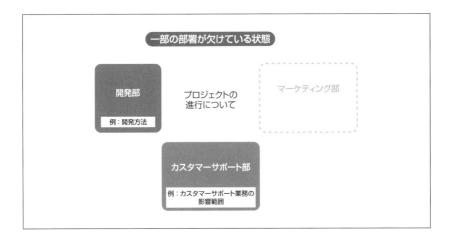

　他のケースで例えてみます。これらの部署の共通するような業務を考えてみましょう。たとえば「打刻の方法」などでしょうか。打刻の方法を部署問わず、まとめてしまうのは、下図のように重なっていることになるため、これはMECEとはいえません。そもそも、MECEというテクニックを使うべきではありません。

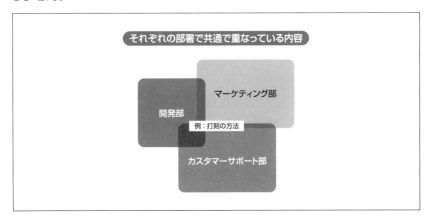

　では、MECEといえるようなケースは何でしょうか。次ページの図のように開発を進めるプロジェクトにおいて、それぞれの部署がどのような役割を担うのか、どのような、影響があるかなどを示すときです。次ページの図の例はプロジェクト進行にあたって「開発部」が何をするのか、「マーケティング部」が何をするのか、「カスタマーサポート部」が何をするのかを分けて考えているものです。

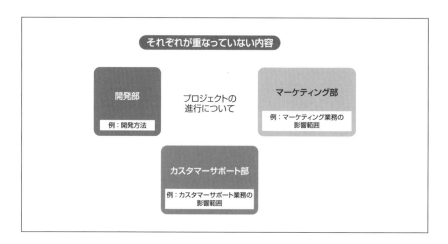

◆ ロジックツリー

　ロジックツリーは、1つの問題やトピックに対して、それを構成する要素を書き出していくようなものです。たとえば、問題提起を「デプロイが遅い」としたとき、下図のように要素を分けて考えることができます。

　このようにツリー状に要素を分解し、最終的に自分たちがやらなければいけないことを明確にしてくれるのがロジックツリーです。

　ロジックツリーを応用し、ドキュメントに記載することで、ドキュメントの読者に対して、ゴールが何かを明確にしてあげることが可能です。

　ただし、ドキュメントは手軽に書けて、管理できることも重要です。図ではなくテキスト（例はMarkdown書式）で書く上で、伝え方を工夫する必要があります。前ページの図のロジックツリーであれば、一例として次のようにまとめることができます。

デプロイが遅い

デプロイが遅い理由は以下の2つがあります。

- QAに時間がかかっている
- 本番反映に時間がかかっている

QAに時間がかかっている

現状QA→デプロイまでのリードタイム（必要な時間）は1日程度です。
以下の項目の「QA項目の作成に時間がかかる」と「QAが溜まりがち」を解決することで2時間ほど圧縮できます。
最終的な着地点は、実績をもとに5時間ほどに圧縮を目指します。

- QA項目の作成に時間がかかる（1時間）
- QAが溜まりがち（1時間）

QA項目の作成に時間がかかる

QA項目の作成に時間がかかっている要因としては以下です。

- 確認しなくてもいいものを確認している
  - たとえば、Cページの実装なのにDページまでQA項目として入っている
- 項目作成のプロセスが煩雑
  - 上記の不要なページの確認などもあいまって、QA項目の作成にそもそも時間がかかっている

QAが溜まりがち

QAが溜まりがちな要因としては以下です。

▼

- 確認箇所が多すぎて、腰が重たい ▼
  - 確認するべきところを最小限にする
  - 自動で確認できるものはE2Eテストで補う

本番反映に時間がかかっている

現状、ステージングへのデプロイから本番の反映までのリードタイム（必要な時間）は6時間程度です。
以下の項目の「CI/CDの実行時間が長い」と「承認プロセスが煩雑」を解決することで2時間ほど圧縮できます。
最終的な着地点は、実績をもとに5時間ほどに圧縮を目指します。

- CI/CDの実行時間が長い（1時間）
- 承認プロセスが煩雑（1時間）

CI/CDの実行時間が長い

CI/CDの実行時間が長い要因としては以下です。

- CI/CDの実装に問題がある
  - 並行化・並列化できるところがいくつかあるが、未対応であるため、逐次処理となってしまっている
- 実行マシンのスペックの見直し
  - 実行マシンのスペックが低いため、実行そのものに時間がかかっている。
  - 仮に並列化しても、コア数が不足しているため、最大のパフォーマンスを得られない可能性が高い。

承認プロセスが煩雑

承認プロセスが煩雑な要因を解決するためには、承認プロセスの簡素化を行うことです。
承認プロセスの簡素化を行うためには、権限移譲を進めたり、そもそもプロセスの見直しをする必要があると考えているので、実施します。

　上記のドキュメントの特徴は次の通りです。

- ロジックツリーをテキストに起こしたものである
- 現状の課題
- 着地点の明確化
- 着地点までの経由地点でどこまでやるか
- 対応方法

このように、現状の課題から着地点、経由地点、対応方法までの一連のプロセスが記載されています。いわゆる起承転結に沿って書かれているものです。他にも5W1H[7]に沿って書くという手段もあります。

いずれにしても、ロジックツリーは起承転結に沿って書くにあたって、整理する1つの手段として有用であるといえます。

先ほど紹介したMECEとロジックツリーを組み合わせることで、より課題点にフォーカスして整理することも可能になります。

◆ マトリックス図

マトリックス図はいくつかの課題に対して、何が有効であるか、そうではないかを図で示すためのテクニックです。ドキュメントそのものを書くためのテクニックではなく、文書中で書かれるような比較表といえばわかりやすいでしょうか。

たとえば主題として、レガシーコードを改善するにあたって使いたいCI（188ページ参照）を比較検討したいようなケースで使用できるのではないでしょうか。

たとえば CI A 、CI B があったとき、マトリックス図を用いる場合は次のようになります。

	CI A	CI B
金額	1時間あたり$0.03	1時間あたり$0.05
CPU	CPUv2	CPUv4
メモリ	2GB	8GB
ローカルランナー	なし	あり
キャッシュ	可	可
キャッシュライフタイム	最大30日	最大90日

このように、表を用いずにテキスト情報だけで比較しようとすると、比較元や比較先のどれと対になっているのかを理解するために時間を費やしてしまいます。これは、Efficiencyに違反してるといえます。

一方で、このようにマトリックス図を用いることで、情報を一点に集め、比較を視覚的にわかりやすくし、費やす時間を削減できるメリットがあるといえます。

---

[7]：5W1Hとは、What（何が起こったのか）、Who（誰によって）、When（いつ）、Where（どこで）、Why（なぜ）、How（どうやって）の略で、いつどこで何が起きて誰が起こしたかの課題の認知、そしてHowはそれを解決するために使われます。

📦 本節のまとめ

　ドキュメントはよく生物であるとたとえられます。長期的に役に立つドキュメントは、先ほど解説しているように職種や背景などが異なっていることを想定して書かれているもの（Context of use が考えられている）で、常にドキュメントの更新が必要となるでしょう。

　ドキュメントの更新に手間がかかるものであると、いずれ陳腐化し、秘伝のタレのように口頭で物事が伝わっていくような組織になっていくことも考えられます。それを防ぐ意味でも、ドキュメントの質がどれほど重要であるかがわかります。

　特にレガシーコードをスピード感を持って読み解くためには、背景などが書かれているドキュメントが必要不可欠です。なぜなら、ドキュメントがない場合、実装された背景などがわからないまま開発を行う必要が生じるため、無用な不具合を起こしてしまい、結果として開発に時間を費やすようになってしまうからです。

チーム開発ができるようにする

　レガシーコードを改善するには、ワンマンではなくチームでの開発ができる必要があります。ビジネスにおいて、レガシーコードをどうにかすることと、新規機能をスピード感を持って提供することは同時に求められるからです。

　技術的負債やミドルウェアのバージョンアップなどは、後の開発速度を高めるためには有用な手ではありますが、短期的に開発しなければいけないものもCHAPTER 01で解説したように存在します。

　そのためには、リファクタリングを主にやるメンバーと、新規機能開発を行うメンバーの最低2名が必要になってくるような考え方もあります。開発しているプロダクトによりますが、もちろん2名で充足しないこともありえるでしょう。

　そうなったとき、開発を行うエンジニアの数が増加するごとに、さまざまなコミュニケーションパスが増えていき、開発自体のパフォーマンスを落としかねません。これを**ブルックスの法則**[8]といいます。

　コードレビューを行うにあたって、それぞれのエンジニアには好みがあったりするでしょう。次のようなコードで、どちらが好きかで無用な議論に時間を使ってしまうかもしれません。

```
$x = isset($a)
    ? $b
    : $c;

$x = isset($a) ? $b : $c;
```

　このような細かい書き方はエンジニアによって好みが別れたりします。他にも次のような例もあります。

```
class A
{
    public function setMethodA(int $value): self
    {
        // ...
        return $this;
    }
```

```php
    public function setMethodB(int $value): self
    {
        // ...
        return $this;
    }
}
```

　上記の例はFluent Setterと呼ばれる書き方の1つです。次のようにメソッドチェーンが行えることが特徴的です。

```php
(new A())
    ->setMethodA(100)
    ->setMethodB(200);
```

　しかし、このようなメソッドチェーンを好まない派閥のエンジニアもいます。
　このような派閥争いが起きるということは、チーム開発としては、パフォーマンスも出ない上、仲違いを生んでしまう要因になりかねません。何よりも、事業を継続的に営む上で多大な悪影響を生み出してしまいます。故に、チーム開発を行うためには、揉めたり属人的になり得るような次の要素を排整理し、人の感情で判断するのではなく機械的に判断できるようにする必要があります。

- コーディングルールの整備
- 開発プロセスの整備

　とはいえ、やればキリのないことであるため費用対効果を考える必要はあります。費用対効果をどのように考えるかについてはCHAPTER 04を参照してください。

コーディングルールの整備

　PHPにはコーディングルールを定めるための規格として、PSR-1/2およびPSR-12というものがあります。

　PSRのコーディングルールを遵守する場合は**PHP_CodeSniffer**などのライブラリを用いることで可能です。

　また、型を付けるなど、より厳しい制約を設けることでコードの品質を高めるためのレビュープロセスを簡略化できます。PHPでは、**PHPStan**や**Psalm**のような静的解析ツールと呼ばれるものが有用です。PHPそのものにも型はありますが、曖昧な一面もあります。静的解析ツールを導入することでPHPの書きやすさを担保したまま、コードの品質を高めていくことが可能になります。

🔲 事前準備

　先ほど示した各ライブラリを導入するためには、下準備として**Composer**と呼ばれるPHPのパッケージマネージャーを導入する必要があります。

- ● Composer
  - URL https://getcomposer.org/

　ComposerはPSR-0やPSR-4などで定義されているオートロード機能を備えており、必要なクラスファイルなどを自動で読み込んで解決してくれます。

　ただし、Composerが使えるPHPのバージョン[9]は限られています。特に歴史的にも長いようなアプリケーションのレガシーコードを改善する場合はPHPのバージョンが古く、Composerそのものを導入することができないかもしれません。その場合は、リファクタリングというよりもフルリプレイスの選択肢が出てくる可能性があるため、本書では割愛します。

　Composerをインストールするには次のようにあらかじめPHPのインストールが必要です。本書では、PHP 8.2、Ubuntu 22.04をベースに解説していきます。

---

[9]：執筆時点ではLTS（Long Term Support、長期サポート）の必要バージョンがPHP 5.3.2（2010年リリース）以上となっています。

5

レガシーコードを改善する

```
$ sudo apt update
$ sudo apt install -y software-properties-common
$ sudo add-apt-repository ppa:ondrej/php
$ sudo apt update
$ sudo apt install -y php8.2
```

上記のコマンドを実行すれば、PHPのインストールが完了します。

Composerは、公式サイトに書かれているように、次のような手順でインストールします。

```
$ php -r "copy('https://getcomposer.org/installer', 'composer-setup.php');"
$ php -r "if (hash_file('sha384', 'composer-setup.php') === '55ce33d7678c5a
611085589f1f3ddf8b3c52d662cd01d4ba75c0ee0459970c2200a51f492d557530c71c15d8
dba01eae') { echo 'Installer verified'; } else { echo 'Installer corrupt';
unlink('composer-setup.php'); } echo PHP_EOL;"
$ php composer-setup.php
$ php -r "unlink('composer-setup.php');"
```

Composerの実行ファイルの設置場所を次のように移動させます。

```
$ sudo mv composer.phar /usr/local/bin/composer
```

次に、オートローダーとして名前空間 `CR` をComposerに登録させます。まずは次のコマンドで `composer.json` を作成します。

```
$ touch composer.json
```

次に、`composer.json` の中身を次のようにします。

```
{
    "autoload": {
        "psr-4": {
            "CR\\": "."
        }
    }
}
```

以上で事前準備は完了です。

🔹 PHP_CodeSniffer

PHP_CodeSnifferとは、公式リポジトリ[10]には次のように書かれています。

> PHP_CodeSniffer is an essential development tool that ensures your code remains clean and consistent.

日本語に翻訳すると「PHP_CodeSnifferは必要不可欠な開発ツールで、あなたのコードをクリーンに、そして一貫性を保ったままにします」という意味になります。一貫性を保つという点で、PSRに準拠した書き方の指摘を行ってくれるようにしてくれるという優れものです。

また、PHP_CodeSnifferは指摘内容をもとに、コードを変更してくれる機能も実装されています。

では、さっそく、Composerを用いてPHP_CodeSnifferを導入してみましょう。

```
$ composer require --dev "squizlabs/php_codesniffer=*"
```

インストールが完了したら、実際にPHP_CodeSnifferを実行してみます。次のような、フォーマットが統一されていないコードを用意してみます。

```php
<?php

namespace CR;

class A {
    public static function main(array $args): int {
        echo $args[0];
        return 0;
    }
}
```

上記のファイルを no_formatted.php としてPHP_CodeSnifferの phpcs を次のように実行してみます。 --standard はコーディングルール名の指定もしくは、コーディングルールが定義されたファイルの指定を行うためのパラメータです。

---

[10]：https://github.com/squizlabs/PHP_CodeSniffer

149

```
./vendor/bin/phpcs --standard=PSR12 no_formatted.php
```

実行すると、次のようなエラーが出力されることがわかります。

```
FILE: /path/to/no_formatted.php
------------------------------------------------------------------------
------------
FOUND 2 ERRORS AFFECTING 2 LINES
------------------------------------------------------------------------
------------
 5 | ERROR | [x] Opening brace of a class must be on the line after the
definition
 6 | ERROR | [x] Opening brace should be on a new line
------------------------------------------------------------------------
------------
PHPCBF CAN FIX THE 2 MARKED SNIFF VIOLATIONS AUTOMATICALLY
------------------------------------------------------------------------
------------

Time: 28ms; Memory: 8MB
```

これらのエラーは、PHP_CodeSnifferに同梱されているコマンド phpcbf を次のように用いて、解消することができます。

```
./vendor/bin/phpcbf --standard=PSR12 no_formatted.php
```

phpcbf の実行結果は次の通りです。

```
PHPCBF RESULT SUMMARY
------------------------------------------------------------------------
FILE                                                    FIXED  REMAINING
------------------------------------------------------------------------
/path/to/no_formatted.php                               2      0
------------------------------------------------------------------------
A TOTAL OF 2 ERRORS WERE FIXED IN 1 FILE
------------------------------------------------------------------------

Time: 31ms; Memory: 8MB
```

　処理されたファイルは次のように、適切な場所に改行が入り、コーディング
規約通りに変更されました。

```php
<?php

namespace CR;

class A
{
    public static function main(array $args): int
    {
        echo $args[0];
        return 0;
    }
}
```

❖ PHPStan／Psalm／Phan

　PHPStan[11]または**Psalm**[12]、**Phan**[13]は静的解析ツールの一種で、
PHPでアプリケーションを開発する上では必要不可欠です。

　静的解析ツールとは何でしょうか。静的解析ツールとは、書かれたコードの
内容を解析し、実行時ではなくコーディング時やCI（188ページ参照）などで、
潜在的なエラーを報告してくれるツールです。つまり、本番環境で問題を起
こす可能性のあるコードを事前に洗い出し、不具合を検知することが可能に
なります。

　PHPのようなスクリプト言語のアプリケーションだと型が書かれていないこ
とも珍しくありません。

　特に古いPHPアプリケーションは型が書かれていないコードが大半ではな
いでしょうか。型がないと何が問題になるのでしょうか。次のコードを見てみ
てください。

```php
<?php

// 最初は数値型を想定
$var = 1;

// 文字列を再代入
$var = 'text';
```

▼

---

[11]：https://phpstan.org/
[12]：https://github.com/vimeo/psalm
[13]：https://github.com/phan/phan

```
// 出力結果は「text」
echo $var;
```

　$var という変数を定義しています。最初は数値型であることがわかりますが、次に文字列として $var 変数を扱って最終的に出力をしています。この時点ではどのような値が入ってくるのか、まだ容易に想像ができます。

　次に下記のように、コードに変更が加わったとします。

```php
<?php

// 最初は数値型を想定
$var = 1;

// ... ここに数百行の何かしらの処理

if (...) {
    if (...) {
        // ... ここに数百行の何かしらの処理

        // 文字列を再代入
        $var = 'text';
    }
}

// ... ここに数百行の何かしらの処理

// 出力結果がわかりづらい…
echo $var;
```

　上記のように、数百行にもおよぶ条件分岐も複雑に入り組んでいるコードの変更が入ってしまってしまいました。こうなると最終的に $var は数値型なのか、文字列型なのか、そもそもそれ以外の型なのか、一体何が出力されるのか不明瞭になってしまいます。

　このようなときの大きな問題として、数値だと思って $var を扱ったら実は違ったというケースがありえます。たとえば、$var を渡す先の関数が数値型しか引き受けないのに、$var が途中で文字列変更されてしまい、そのまま関数に値を渡すとPHPはエラーを出力します。

このような事故を実行時ではなく開発時に未然に防ぐ方法として静的解析ツールは非常に強力なツールといえます。

では、PHPStanとPsalmは何が違うのでしょうか。端的にいえば、PHPStanは機能が豊富であり、便利ではあるがパフォーマンスに懸念点がある、PsalmはPHPStanほどの機能はないが、パフォーマンスが良いところです。PhanはPHPStanよりも古くからある[14]静的解析ツールで、歴史のあるものです。故に、古いPHPでも対応しやすいというのが1つの大きなメリットではないでしょうか。

もちろん、開発しているコミュニティ・企業も違います。PHPStanとPhanはコミュニティが開発していますが、Psalmはvimeo[15]が開発しています。

ケースや好みによって、どちらを使いたいかは分かれるところですが、本書ではPHPStanとPsalmを紹介します。Phanについては、必要要件や準備、本書執筆時点で、最新版PHPへの追従が多少遅れてしまっていることから割愛します。

◆ PHPStan

Composerを介して次のようにPHPStanをインストールします。

```
composer require --dev phpstan/phpstan
```

次に、PHPStanの解析対象とするのPHPのコードを下記のように `StaticAnalysisForPHPStan.php` として保存します。

```php
<?php
namespace CR;

class StaticAnalysisForPHPStan
{
    public function main($args)
    {
        echo $args[0];
    }
}
```

上記のコード対してPHPStanを次のように実行してみます。

```
$ ./vendor/bin/phpstan analyze --level=9 StaticAnalysisForPHPStan.php
```

---

[14]：Phanの初期リリースは2015年で、PHPStanの初期リリースは2016年。
[15]：https://vimeo.com/jp/

--level はPHPStanでコードの品質について指摘させるレベル（度合い）です。レベルは0から9まであります。公式サイト[16]より下表のように解説されています。

レベル	ルール
0	通常のチェックに加え、不明なクラス、不明な関数、$thisからの不明なメソッドの呼び出し、引数の誤り、未定義変数をチェックする
1	未定義な可能性のある変数、__callと__getによる呼び出しにおいての不明なマジックメソッドおよびプロパティのチェック
2	$thisだけではない、不明なメソッド全般のチェックと、PHPDocsの検証
3	返り値の型とプロパティへの代入時の型チェック
4	デッドコードのチェック。たとえば到達不能なステートメントが存在するか、などのチェック
5	メソッドおよび関数へ渡された値の型が正しいかをチェック
6	タイプヒントが間違っていないかをチェック
7	部分的に誤っているユニオンのチェック
8	NULL型から呼び出しているメソッドおよびプロパティのチェック
9	mixed型のチェック

先ほどのコマンドの例はレベル9としています。実行すると次のようなエラーが表示されます。

```
$ ./vendor/bin/phpstan analyze --level=9 StaticAnalysisForPHPStan.php

 1/1 [▒▒▒▒▒▒▒▒▒▒▒▒▒▒▒▒▒▒▒▒▒▒▒▒▒▒▒▒] 100%


 ------ ---------------------------------------------------------------
 ------------------------
  Line    StaticAnalysisForPHPStan.php
 ------ ---------------------------------------------------------------
 ------------------------
  6       Method CR\StaticAnalysisForPHPStan::main() has no return type
 specified.
  6       Method CR\StaticAnalysisForPHPStan::main() has parameter $args
 with no type specified.
 ------ ---------------------------------------------------------------
 ------------------------
```

上記のエラーは、6行目の main メソッドに「返り値の型が未定義」、「$args の型が未定義」のように型が不足しているということを伝えてくれています。もちろんPHPStanに従わなくても、このコードは動作しますが、より厳格なコードが書けそうだというイメージが湧きますでしょうか。

[16]：https://phpstan.org/user-guide/rule-levels

　では、上記のエラーを修正するために `StaticAnalysisForPHPStan.php` を
次のように変更します。

```php
<?php
namespace CR;

class StaticAnalysisForPHPStan
{
    /**
     * @param array<string> $args
     */
    public function main(array $args): void
    {
        echo $args[0];
    }
}
```

　そして、もう一度、phpstan を実行してみると、エラーがなくなっているこ
とがわかります。

```
$ ./vendor/bin/phpstan analyze --level=9 StaticAnalysisForPHPStan.php

1/1 [▓▓▓▓▓▓▓▓▓▓▓▓▓▓▓▓▓▓▓▓▓▓▓▓▓▓▓▓] 100%

[OK] No errors
```

　しかし、実際のレガシーコードというのは、このように単純な行やファイル数
ではない物量であることは明白です。相当の物量に対して、このような静的解
析ツールを適用適用しようとすると、導入のハードルが高まってしまいます。
　そのため、最初は低いレベルから始めたり、適用させるファイル数を制限し
て始めるなどの工夫が必要です。

◆ Psalm

次にComposerを経由してpsalmを導入してみます。次のコマンドを実行します。

```
$ composer require --dev vimeo/psalm
```

Psalmを適用するコードをPHPStanの場合と同様に用意します。次のコードを `StaticAnalysisForPsalm.php` として保存します。

```php
<?php
namespace CR;

class StaticAnalysisForPsalm
{
    public function main($args)
    {
        echo $args[0];
    }
}
```

psalmを実行する前に、Psalmの実行を制御する設定ファイルを作成する必要があるため、次のコマンドを実行し、設定ファイルを作成します。

```
$ ./vendor/bin/psalm --init
```

実行すると、現在の作業ディレクトリに `psalm.xml` が作成されます。次に作成された `psalm.xml` の `errorLevel="7"` と書かれている行を `errorLevel="1"` とします。

```xml
<?xml version="1.0"?>
<psalm
    errorLevel="7" // ← ここを 1 にする
    // ... 省略
>
    // ... 省略
</psalm>
```

変更後、次のようにpsalmを実行してみます。

```
$ ./vendor/bin/psalm StaticAnalysisForPsalm.php

Warning: "findUnusedCode" will be defaulted to "true" in Psalm 6. You
should explicitly enable or disable this setting.
Target PHP version: 8.2 (inferred from current PHP version) Enabled
extensions: .
Scanning files...
Analyzing files...

E

To whom it may concern: Psalm cannot detect unused classes, methods and
properties
when analyzing individual files and folders. Run on the full project to
enable
complete unused code detection.

ERROR: MissingReturnType - StaticAnalysisForPsalm.php:6:21 - Method CR\
StaticAnalysisForPsalm::main does not have a return type, expecting
void (see https://psalm.dev/050)
    public function main($args)


ERROR: MissingParamType - StaticAnalysisForPsalm.php:6:26 - Parameter
$args has no provided type (see https://psalm.dev/154)
    public function main($args)


ERROR: MixedArrayAccess - StaticAnalysisForPsalm.php:8:14 - Cannot
access array value on mixed variable $args (see https://psalm.dev/051)
        echo $args[0];


ERROR: MixedArgument - StaticAnalysisForPsalm.php:8:14 - Argument 1 of
echo cannot be mixed, expecting string (see https://psalm.dev/030)
        echo $args[0];

  The type of $args[0] is sourced from here - StaticAnalysisForPsalm.
php:6:26
    public function main($args)
```

```
    -----------------------------
    4 errors found
    -----------------------------
    Psalm can automatically fix 1 of these issues.
    Run Psalm again with
    --alter --issues=MissingReturnType --dry-run
    to see what it can fix.
    -----------------------------

    Checks took 0.72 seconds and used 98.308MB of memory
    Psalm was able to infer types for 33.3333% of the codebase
```

　エラーが出力されました。PsalmもPHPStanと同様にルールのレベル[17]
があり、Psalmの場合は1から8までのレベルがあります。PHPStanとは違
い、レベルが低ければ低いほど、より厳格になっていきます。

レベル	ルール
1	すべてのエラーをチェック
2	Mixed*に該当するエラー以外すべてをチェック
3	引数の型やプロパティの型などがチェックされなくなる
4	Psalmが推論できない問題などが含まれる可能性
5以上	より検証不能な問題などが含まれてくる

　では、出力されているエラーを直してみます。`StaticAnalysisForPsalm.
php` を次のように変更します。

```php
<?php
namespace CR;

class StaticAnalysisForPsalm
{
    /**
     * @param array<string> $args
     */
    public function main(array $args): void
    {
        echo $args[0];
    }
}
```

[17]：https://psalm.dev/docs/running_psalm/error_levels/

再度実行してみると、エラーが出力されないことがわかります。

```
$ ./vendor/bin/psalm StaticAnalysisForPsalm.php

Warning: "findUnusedCode" will be defaulted to "true" in Psalm 6. You
should explicitly enable or disable this setting.
Target PHP version: 8.2 (inferred from current PHP version) Enabled
extensions: .
Scanning files...
Analyzing files...

※

To whom it may concern: Psalm cannot detect unused classes, methods and
properties
when analyzing individual files and folders. Run on the full project to
enable
complete unused code detection.
------------------------------

        No errors found!

------------------------------

Checks took 0.27 seconds and used 121.501MB of memory
Psalm was able to infer types for 100% of the codebase
```

● Rector

Rectorはリファクタリングの自動化を行う強力なツールです。公式のGit
Hub[18]では次のように書かれています。

Instant Upgrades and Automated Refactoring

　日本語に訳すと「迅速なアップグレードやリファクタリングの自動化を目的と
したツール」です。このツールは、新しく開発が活発なツールで、2020にはじめてリリースされました。
　Rectorは社内で決めたコーディングルールを遵守するために細かいルールを定められたりリファクタリングを行うのにあたって有用です。

　PHPには、本章で解説しているようにPSR-1/2やPSR-12といったルールがあるため、その範囲であれば、従来のツールでカバーできます。しかし、そのツールでは定められていないルールもあるため、ルールを定めたくなるときがあります。

　たとえば、Rectorのルールセットには次のようなものが対応可能です。

```
// 以下を
var_dump(! ($a === $b));

// 以下に
var_dump($a !== $b);
```

　上記はいずれもド・モルガンの法則から変換が可能ではありますが、このようにどちらでコーディングするべきか迷うものをRectorを用いればルールを定義できます。

　他にも次のような、配列に要素を追加する処理もリファクタリング可能となります。

```
// 以下を
array_push($items, $item);

// 以下に
$items[] = $item;
```

　これらの細かいコーディングのルールをRectorでは定義することができます。今回は上記2点をもとにどのようにRectorを使っていけばよいかを解説します。

　ではまず、Rectorを次のようにComposerを用いてインストールします。

```
$ composer require --dev rector/rector
```

　Rectorの初期化を次のように行います。

```
$ ./vendor/bin/rector
```

　上記を実行すると、次のような `rector.php` というファイルが現在の作業ディレクトリに作成されます。

```php
<?php

declare(strict_types=1);

use Rector\CodeQuality\Rector\Class_\InlineConstructorDefaultToPropertyRector;
use Rector\Config\RectorConfig;
use Rector\Set\ValueObject\LevelSetList;
// …①
return static function (RectorConfig $rectorConfig): void {
    $rectorConfig->paths([
        __DIR__ . '/src',
    ]);

    // register a single rule
    $rectorConfig->rule(InlineConstructorDefaultToPropertyRector::class);

    // define sets of rules
    //    $rectorConfig->sets([
    //        LevelSetList::UP_TO_PHP_82
    //    ]);
};
```

$rectorConfig->rule(InlineConstructorDefaultToPropertyRector::class); の真下に、次を追加することで先ほどの否定されている式を肯定されている式と、配列へ要素を挿入するためのルールを適用できます。

```php
// 式の全体否定を肯定に変更する
$rectorConfig->rule(BooleanNotIdenticalToNotIdenticalRector::class);

// array_push を配列への代入に変更する
$rectorConfig->rule(ChangeArrayPushToArrayAssignRector::class);
```

さらに、①に次のようなコードを挿入します。

```php
use \Rector\CodeQuality\Rector\Identical\BooleanNotIdenticalToNotIdenticalRector;
use \Rector\CodeQuality\Rector\FuncCall\ChangeArrayPushToArrayAssignRector;
```

5

レガシーコードを改善する

　次に、下記のようなコードを書いて `RectorTest.php` として保存し、実際に
Rectorがどのような挙動をするか確かめてみましょう。

```php
<?php

// 4つの変数を用いてどのように変更されるかを見てみる
$a = true;
$b = true;
$c = true;
$d = true;

// 通常の場合
var_dump($a === $b);

// 否定が入った場合
var_dump(!($a === $b));

// 混合している場合 (||)
var_dump(!($a === $b || $c !== $d));

// 混合している場合 (&&)
var_dump(!($a === $b && $c !== $d));

// -----------------------------------------------

$items = [];

// 通常の配列への代入の場合
$items[] = 'たぬき';

// 1 つの場合
array_push($items, 'いぬ');

// 2 つある場合
array_push($items, 'いぬ', 'ねこ');
```

　上記のコードが用意できたらRectorを次のように実行します。

```
$ ./vendor/bin/rector process RectorTest.php
```

　コマンドを実行すると次のように、何の処理を変更したのか出力してくれます。

```
1 file with changes
===================

1) RectorTest.php:9

    ---------- begin diff ----------
@@ @@
 var_dump($a === $b);

 // 否定が入った場合
-var_dump(!($a === $b));
+var_dump($a !== $b);

 // 混合している場合 (||)
 var_dump(!($a === $b || $c !== $d));
@@ @@

 // 通常の配列への代入の場合
 $items[] = 'たぬき';
-
 // 1 つの場合
-array_push($items, 'いぬ');
-
+$items[] = 'いぬ';
 // 2 つある場合
-array_push($items, 'いぬ', 'ねこ');
+$items[] = 'いぬ';
+$items[] = 'ねこ';
    ---------- end diff ----------

Applied rules:
 * ChangeArrayPushToArrayAssignRector (https://stackoverflow.com/
questions/559844/whats-better-to-use-in-php-array-value-or-array-
pusharray-value)
 * BooleanNotIdenticalToNotIdenticalRector (https://3v4l.org/GoEPq)

 [OK] 1 file has been changed by Rector
```

RectorTest.php を見てみると、次のように変更されていることがわかり
ます。

```php
<?php

// 4つの変数を用いてどのように変更されるかを見てみる
$a = true;
$b = true;
$c = true;
$d = true;

// 通常の場合
var_dump($a === $b);

// 否定が入った場合
var_dump($a !== $b);

// 混合している場合 (||)
var_dump(!($a === $b || $c !== $d));

// 混合している場合 (&&)
var_dump(!($a === $b && $c !== $d));

// -------------------------------------------------

$items = [];

// 通常の配列への代入の場合
$items[] = 'たぬき';
// 1 つの場合
$items[] = 'いぬ';
// 2 つある場合
$items[] = 'いぬ';
$items[] = 'ねこ';
```

　式でORやANDを用いて複数の条件がある場合は変更されていませんが、条件文が1つの `var_dump(!($a === $b))` は `var_dump($a !== $b)` に変更されていることがわかります。

　また、`array_push` で要素を配列に追加する処理で、引数の数を問わず、`$items[] = ...` のような代入に変更されています。

　また、RectorにはPHPのバージョンごとに対応したコードの変更を行ってくれる機能も備わっています。古くからあるプロダクトであれば過去のPHPのバージョンから使っていることも多く、バージョンを上げたい用途でも有用です。

PHP 5.3のころに書かれたコードを想定して解説していきます。次のコードを `PHP5RectorTest.php` として保存します。

```php
<?php

$newArray = array(
    'property1' => 'value2',
    array(
        'property2' => 'value3',
    ),
);

$newFunction = function () {
    return 'Hello World';
};
```

次に設定ファイルの `rector.php` でコメントアウトされている次のRectorのルールをコメントイン（コメントを外すこと）します。

```php
//      $rectorConfig->sets([
//          LevelSetList::UP_TO_PHP_82
//      ]);
```

```php
$rectorConfig->sets([
    LevelSetList::UP_TO_PHP_82
]);
```

コメントインされたコードはPHPのバージョンを8.2へ上げるために、コードの変更を自動で行ってくれるRectorのルールです。それでは、次のように、Rectorを次のコマンドで実行してみましょう。

```
$ ./vendor/bin/rector process PHP5RectorTest.php
```

コマンドを実行すると、次のようにPHPのバージョンに対応した変更を出力してくれます。

```
   1/1 [▓▓▓▓▓▓▓▓▓▓▓▓▓▓▓▓▓▓▓▓▓▓▓▓▓▓▓] 100%
1 file with changes
===================


1) PHP5RectorTest.php:0


     ---------- begin diff ----------
@@ @@
 <?php

-$newArray = array(
-    'property1' => 'value2',
-    array(
-        'property2' => 'value3',
-    ),
-);
+$newArray = ['property1' => 'value2', ['property2' => 'value3']];

-$newFunction = function () {
-    return 'Hello World';
-};
+$newFunction = fn() => 'Hello World';
     ---------- end diff ----------

Applied rules:
 * LongArrayToShortArrayRector
 * ClosureToArrowFunctionRector (https://wiki.php.net/rfc/arrow_
functions_v2)
```

　実行後、`PHP5RectorTest.php` を見てみると、次のように変更されているこ
とがわかります。

```
<?php

$newArray = ['property1' => 'value2', ['property2' => 'value3']];

$newFunction = fn() => 'Hello World';
```

　このようにリファクタリングを自動化できることが、レガシーコードを改善する上では必要不可欠です。

　なぜなら、人力でやってしまうと、変更漏れや、ヒューマンエラーによる不具合の発生、エンジニアの好みによってコードの書きぶりに差異がでることもありえるためです。故に、このようなリファクタリングなどは機械的に行えるほうが望ましいといえます。

開発プロセス

　開発プロセスが整っていないと、チーム開発の場合、パフォーマンスに影響が出ることが考えられます。

　たとえば、Gitのようなコードを管理しているようなツールを思い浮かべてください。コード品質のレビューをそもそも誰が行うのか、どれくらいの品質を担保するべきか明確でないとしたとき、レビューの観点は人によって異なってきてしまいます。

　その状況が続くと、未来にレガシーコードや不具合になり得るコードをレビューのプロセスで防げなくなってしまいます。開発プロセスは、このような事態を防ぐためにも重要であるといえます。

　では、どのように開発プロセスを定めればよいでしょうか。本書では次のように開発プロセスを分解します。

- （コーディングプロセス）
- コードレビュープロセス
- デプロイプロセス

　コーディングプロセスは前節のコーディングルールの整備で解説しているので本節では割愛します。

　次のコードレビューとデプロイフローについて、解説していきます。

🔹 コードレビュープロセス

　コーディングルールに遵守をしているのか、パフォーマンスに問題がない書き方であるかなど、コードを他のメンバーに見てもらうプロセスです。コードレビュープロセスが整っているということは、すなわち、エンジニアメンバーが2名以上のチームが必要だということです。

　そもそもコードレビュープロセスで何を担保すればよいと考えるのかは、開発組織によってまちまちであったり、人によって考え方も異なります。故に、コードレビューにおいて重点的に担保すべきポイントを定義する必要があります。

「コーディングルールに遵守しているのか」「パフォーマンスに問題がない書き方であるか」など、コードの品質を担保すべき点は前節で解説していますが、そもそもコードレビュープロセスが定義されていなければ、この2点を見るべきかどうかも不明瞭であります。

そもそも品質を担保すべきポイントをざっくり思い浮かべるとどうでしょうか。次のようにさまざまでしょう。

- コーディングルールの遵守
- コードの影響範囲
- 要求仕様を満たしているのか
- ダウンタイム
- パフォーマンス etc.

重点的に品質を担保すべきポイントについては、上記のようなポイントから、会社が必要としている重要な指標(KPI)をもとに、どれを優先度高く見るべきかを検討する必要があります。

たとえば、CIなどでコード品質の確認が自動化されているのであればコーディングルールの遵守については担保する必要はなく、たやすいでしょう。しかし、要求仕様を満たすことを確認するのは、先ほどの例と比べて手間です。Gitを使っている場合はブランチをチェックアウトして、開発環境で確認する必要が生じます。

そうすると、確認するだけでも必要以上に時間を費やしてしまうことは自明です。どこまでコードレビュープロセスで担保するべきかpros/consを洗い出して今の会社や組織のフェーズで担保すべきポイントを整理して定義することが重要です。

複数人規模のエンジニアリング組織であればコードレビュープロセスを細分化し、細分化されたプロセスで要求するべきレビューのポイントを変えているような組織もあります。

本書では紙幅の都合から上記の定義の仕方の解説までに留めるものとします。

デプロイプロセス

　デプロイプロセスとは、新しいコードや新しいデータなどを各環境下（ステージングや本番環境など）へ配置するためのプロセスを指します。また、デプロイプロセスはデプロイフローといったりもします。

　新しいコードを適用させるような単純なデプロイであれば、デプロイプロセスも複雑なものにはなりにくいでしょう。しかし、そう単純に済まないことも考えられます。たとえば、データベースのスキーマに変更があったとしたらどうでしょうか。

　カラムが追加されているデータベースのスキーマの変更であれば、先にスキーマの変更を実施する必要があるかもしれません。なぜなら、新しいカラムを参照している本番のコードで、カラムがないため不具合が発生することも可能性として考えられるためです。では、カラム名のリネームなどはどうでしょうか。先にスキーマの変更を実施してしまうと現在動いているアプリケーションに不具合が発生してしまう可能性もあります。

　他にも、CDN（Contents Delivery Network、キャッシュを各サーバーへ配備しておき、コンテンツを迅速にユーザーに届けるために最適化されたネットワーク）への配備が漏れていた場合を考えてみましょう。キャッシュが使われることを想定していたサービスであるとき、アクセスのスパイク（アクセスの負荷が一時的に高くなること）があったとき、アプリケーションが負荷に耐えきれずサービスダウンしてしまうこともあり得るかもしれません。

　このようにさまざまなプロセスを考慮した上で、本番環境向けに新しいコードを反映させる必要があります。規模が大きくなるにつれて、考慮すべきプロセスは増えてくる傾向があるでしょう。しかし、属人的にこのプロセスを行ってしまうと、後から入社したエンジニアが、本来必要なプロセスがわからず不具合を起こしかねません。

　そのため、手動・自動で行うデプロイプロセスを定めて、極力、属人性を減らしていく取り組みが求められます。

ユニットテストコードの重要性

　どれほどのエンジニアがユニットテストのコードを書いているでしょうか。そもそもテストコードを書くこと自体に、疑問を感じている人も多いかもしれません。

　技術的負債を返済するには、ユニットテストコードは必要不可欠です。具体的な例はt_wada氏の「予防に勝る防御なし - 堅牢なコードを導く様々な設計のヒント」[19]を参照するとよいでしょう。本節では、主にPHPでどのようにユニットテストコードを書けばよいのか解説します。PHPでユニットテストを書くのにあたってデファクトスタンダードといえば、セバスチャン・バーグマン氏が開発した**PHPUnit**です。本書ではPHPUnitを用いてテストを書きます。

　まず、はじめに、次のようにComposerを介してPHPUnitを導入します。

```
$ composer require --dev phpunit/phpunit
```

　インストールが完了したら、次のようなテスト対象となるコードを用意します。このテスト用のコードの特徴は3つのロジックが1つのメソッドに入ってしまっています。このような複雑なメソッドをレガシーコードに見立ててテストコードを書いていくことで、どのようにレガシーコードを改善できるのか解説していきます。

```php
<?php

namespace CR;

class ProductSeller
{
    // 割引率を示すフィールド。null の場合は割引率なし。
    public ?int $discountPercentage = null;

    public function calculateTotal(int $price, int $amount = 1): int
    {
        if ($this->discountPercentage) {
            // 金額に割引率を適用する
            $price *= ($this->discountPercentage / 100);
```

[19]：https://speakerdeck.com/twada/growing-reliable-code-phperkaigi-2022

```
        }
        // 価格に個数をかける
        $price *= $amount;
        // 消費税の外税と金額をかけて返す
        return $price * 1.1;
    }
}
```

　上記のコードは `calculateTotal` という商品の合計金額を計算するメソッドで「割引の計算」「消費税（外税）のハードコード」が実装されているものです。このコードの1つ目の課題点は、割引計算が明確に分かれていないことです。割引の種類を増やしたいという要求がたびたび発生すると、そのたびに `calculateTotal` の該当行を特定し、変更しなければなりません。2つ目の課題点は消費税が外税のみの対応となっている点です。割引と異なり、内税があるというのは既知であるため、あらかじめ対応しておきたいところです。しかし、対応するにしても、どのように変更を加えるべきか考えると、少々複雑になりそうです。これはCHAPTER 02でも触れたように凝集度が低い状態です。

　では、ユニットテストを用いることで、安全にこのコードの凝集度を高めていくにはどうしたらよいのか解説していきます。次のように従来の `calculateTotal` の実行結果を保証するテストコードを書きます。

```php
<?php
namespace CR;

use PHPUnit\Framework\TestCase;

// composer のオートローダーを使用する
require_once __DIR__ . '/vendor/autoload.php';

class ProductSellerTest extends TestCase
{
    public function testCalculateTotal()
    {
        $productSeller = new ProductSeller();
        $this->assertSame(
            // 計算結果
            2200,
```

```
        // calculateTotal の呼び出し
        $productSeller->calculateTotal(1000, 2)
    );
}
}
```

上記のテストコードを記述して、**ProductSellerTest.php** のようなファイル
名で保存し、次のように phpunit を実行します。

```
$ ./vendor/bin/phpunit ProductSellerTest.php
```

実行すると次のようにテストが成功した旨が出力されます。

```
PHPUnit 10.0.7 by Sebastian Bergmann and contributors.

Runtime:        PHP 8.2.1

.                                                               1 /
1 (100%)

Time: 00:00.027, Memory: 8.00 MB

OK (1 test, 1 assertion)
```

もう少し準備が必要です。割引率がある場合もテストしておかなければな
りません。はじめに、割引率です。割引率を適用した場合のテストを次のよう
に **ProductSellerTest** クラスに追加します。

```php
<?php
namespace CR;

use PHPUnit\Framework\TestCase;

// composer のオートローダーを使用する
require_once __DIR__ . '/vendor/autoload.php';

class ProductSellerTest extends TestCase
{
    // ... 省略
```

```php
    public function testCalculateTotalWithDiscount()
    {
        $productSeller = new ProductSeller();

        // 割引率 50% を適用する
        $productSeller->discountPercentage = 50;
        $this->assertSame(
            // 計算結果 ((1000 * 0.5) * 2 * 1.1)
            550,

            // calculateTotal の呼び出し
            $productSeller->calculateTotal(1000, 2)
        );
    }
}
```

追加した状態でテストを実行すると次のような結果が出力されます。

```
$ ./vendor/bin/phpunit ProductSellerTest.php
PHPUnit 10.0.7 by Sebastian Bergmann and contributors.

Runtime:       PHP 8.2.1

..                                                          2 /
2 (100%)

Time: 00:00.027, Memory: 8.00 MB

OK (2 tests, 2 assertions)
```

　先ほどのテスト結果は OK (1 test, 1 assertion) と表示されていました
が、テストの数とアサーションの数が増えたので、変更を加えた結果、OK (2
tests, 2 assertions) と出力されています。

　割引率適用の有無について、動作仕様に準拠していることを機械的に判
断できるようになりました。これで安心して、ロジックを分割するリファクタリ
ングができます。まず割引率の計算を分けましょう。

　calculateTotal メソッドから、割引率のロジックを新しく applyDiscount と
いうメソッドに実装します。また、calculateTotal メソッドのロジックを次のよ
うに変更します。

```php
<?php

namespace CR;

class ProductSeller
{
    public ?int $discountPercentage = null;

    public function applyDiscount(int $price): int
    {
        if ($this->discountPercentage) {
            $price *= ($this->discountPercentage / 100);
        }

        return $price;
    }

    public function calculateTotal(int $price, int $amount = 1): int
    {
        return $this->applyDiscount($price) * $amount * 1.1;
    }
}
```

このような形に変更して、再度テストを実行してみましょう。

```
$ ./vendor/bin/phpunit ProductSellerTest.php
PHPUnit 10.0.7 by Sebastian Bergmann and contributors.

Runtime:        PHP 8.2.1

..                                                          2 /
2 (100%)

Time: 00:00.027, Memory: 8.00 MB

OK (2 tests, 2 assertions)
```

　テストが成功している出力から、問題なくメソッドの分割ができていることになります。
　もし割引の種類を増やす必要があっても、コードの変更は applyDiscount だけに閉じるはずです。

　次に、消費税の内税と外税に応じた処理を考慮してみます。これらに対応させるために ProductSeller クラスに、次のように applyTax を追加します。

```php
<?php

namespace CR;

class ProductSeller
{
    // 外税か、内税かを定数で定義
    public const ADD_TAX = 1;
    public const INCLUDE_TAX = 2;

    // どちらの消費税の種類を使用するかを指定。デフォルトは、外税。
    public int $taxType = self::ADD_TAX;
    public ?int $discountPercentage = null;

    public function applyDiscount(int $price): int
    {
        if ($this->discountPercentage) {
            $price *= ($this->discountPercentage / 100);
        }

        return $price;
    }

    public function applyTax(int $price): int
    {
        return match ($this->taxType) {
            // 外税の場合は 10% 追加する。
            self::ADD_TAX => $price * 1.1,
            // 内税の場合はそのまま金額を返す
            self::INCLUDE_TAX => $price,
            // それ以外および内税の場合は、そのままの金額を返す
            default => $price
        };
    }

    public function calculateTotal(int $price, int $amount = 1): int
    {
        return $this->applyTax($this->applyDiscount($price) * $amount);
    }
}
```

変更したのち、テストが通るかを次のように試してみます。

```
$ ./vendor/bin/phpunit ProductSellerTest.php
PHPUnit 10.0.7 by Sebastian Bergmann and contributors.

Runtime:        PHP 8.2.1

..                                                      2 /
2 (100%)

Time: 00:00.029, Memory: 8.00 MB

OK (2 tests, 2 assertions)
```

テストが通ることがわかったので、次に、内税の場合のテストを ProductSe
llerTest クラスに、次のように内税かつ割引率を適用したものである testCal
culateTotalWithIncludingTax と testCalculateTotalWithIncludingTaxAnd
Discount を追加します。

```php
<?php
namespace CR;

use PHPUnit\Framework\TestCase;

// composer のオートローダーを使用する
require_once __DIR__ . '/vendor/autoload.php';

class ProductSellerTest extends TestCase
{
    // ... 省略

    public function testCalculateTotalWithIncludingTax()
    {
        $productSeller = new ProductSeller();

        $productSeller->taxType = ProductSeller::INCLUDE_TAX;
        $this->assertSame(
            // 計算結果
            2000,

            // calculateTotal の呼び出し
```

5
レガシーコードを改善する

```
            $productSeller->calculateTotal(1000, 2)
        );
    }

    public function testCalculateTotalWithIncludingTaxAndDiscount()
    {
        $productSeller = new ProductSeller();

        productSeller->taxType = ProductSeller::INCLUDE_TAX;
        $productSeller->discountPercentage = 50;
        $this->assertSame(
            // 計算結果 ((1000 * 0.5) * 2)
            1000,

            // calculateTotal の呼び出し
            $productSeller->calculateTotal(1000, 2)
        );
    }
}
```

そして、テストを実行してみます。

```
$ ./vendor/bin/phpunit ProductSellerTest.php

PHPUnit 10.0.7 by Sebastian Bergmann and contributors.

Runtime:       PHP 8.2.1

....                                                            4 /
4 (100%)

Time: 00:00.027, Memory: 8.00 MB

OK (4 tests, 4 assertions)
```

テストの数が増えたので OK (4 tests, 4 assertions) という出力になり
ました。

　表面的な動きに変わりがないと保証できることで、リファクタリングと拡張がスムーズに進みました。これでも十分ではありますが、もう一歩踏み込んでおきましょう。将来、コードが変更されることで何かしらの問題が生じたとき、より問題を発見しやすくしておきます。

　新たに設けた applyDiscount と applyTax を個別にテストしておくことで、どちらの処理が壊れたのかをすぐに特定できます。あるいは、どちらもテストに成功するなら、不具合の原因はどちらでもないということもわかります。

```php
<?php
namespace CR;

use PHPUnit\Framework\TestCase;

// composer のオートローダーを使用する
require_once __DIR__ . '/vendor/autoload.php';

class ProductSellerTest extends TestCase
{
    // ... 省略

    public function testApplyDiscount()
    {
        $productSeller = new ProductSeller();

        // 割引率を指定していない場合のテスト
        $productSeller->discountPercentage = null;
        $this->assertSame(
            1000,
            $productSeller->applyDiscount(1000)
        );

        // 割引率を 50% とした場合のテスト
        $productSeller->discountPercentage = 50;
        $this->assertSame(
            500,
            $productSeller->applyDiscount(1000)
        );
    }

    public function testApplyTax()
```

```
    {
        $productSeller = new ProductSeller();

        // 外税の場合のテスト
        $productSeller->taxType = ProductSeller::ADD_TAX;
        $this->assertSame(
            // 外税なので、applyTax に渡した値に 10% 加算されたものが
            // 返ってくることを期待
            1100,
            $productSeller->applyTax(1000)
        );

        // 内税の場合のテスト
        $productSeller->taxType = ProductSeller::INCLUDE_TAX;
        $this->assertSame(
            // 内税なので、applyTax に渡した値がそのまま返ってくることを期待
            1000,
            $productSeller->applyTax(1000)
        );
    }
}
```

このように実装ができたら、次のようにテストを実行してみましょう。

```
$ ./vendor/bin/phpunit ProductSellerTest.php

PHPUnit 10.0.7 by Sebastian Bergmann and contributors.

Runtime:       PHP 8.2.1

......                                                        6 /
6 (100%)

Time: 00:00.026, Memory: 8.00 MB

OK (6 tests, 8 assertions)
```

テストが成功することがわかりました。では、これが失敗するのはどういうときでしょうか。たとえば、誤って30%もの税率がかかる不具合を起こしかけたとします。そのとき、applyTax は次のようになっているかもしれません。

```php
class ProductSeller
{
    // ... 省略

    public function applyTax(int $price): int
    {
        return match ($this->taxType) {
            // 外税の場合は 30% 追加する。
            self::ADD_TAX => $price * 1.3, // ←修正箇所
            // 内税の場合はそのまま金額を返す
            self::INCLUDE_TAX => $price,
            // それ以外および内税の場合は、そのままの金額を返す
            default => $price
        };
    }

    // ... 省略
}
```

この状態でテストを実行してみます。

```
$ ./vendor/bin/phpunit ProductSellerTest.php

PHPUnit 10.0.7 by Sebastian Bergmann and contributors.

Runtime:       PHP 8.2.1

FF...F                                                       6 /
6 (100%)

Time: 00:00.031, Memory: 8.00 MB

There were 3 failures:

1) CR\ProductSellerTest::testCalculateTotal
Failed asserting that 1300 is identical to 1100.

/path/to/ProductSellerTest.php:14

2) CR\ProductSellerTest::testCalculateTotalWithDiscount
Failed asserting that 650 is identical to 550.
```

```
/path/to/ProductSellerTest.php:29

3) CR\ProductSellerTest::testApplyTax
Failed asserting that 1300 is identical to 1100.

/path/to/ProductSellerTest.php:94

FAILURES!
Tests: 6, Assertions: 7, Failures: 3.
```

上記の出力結果を見ると `applyTax` のテストや `calculateTotal` のテストなどは失敗していますが、`applyDiscount` は失敗していないことがわかります。

つまり、何かしら変更が加わったとき、どのような実装に影響があるか、というのがテストコードを書いているということでわかります。故に、コードを分割したいといったケースでは有用に働きます。そのため、レガシーコードを改善するためにはテストコードも一緒に書くということが必要不可欠であるということがわかります。

● ロジック以外のテスト

割引と税のような、答えがはっきりしている小さなロジック以外にもPHPUnitを使用することができます。PHPはもともとテンプレートエンジンであった側面[20]として、PHPのコードをHTMLに埋め込むこともできます。次の例を見てください。

```
<!DOCTYPE html>
<html>
<head>
    <title><?= htmlspecialchars($title) ?></title>
</head>
<body>
    <h1><?= htmlspecialchars($title) ?></h1>
    <?php foreach($posts as $post): ?>
        <h2><?= htmlspecialchars($post->title) ?></h2>
        <div><?= nl2br(htmlspecialchars($post->contents)) ?></div>
    <?php endforeach; ?>
</body>
</html>
```

[20] : 近年まではテンプレートエンジンを謳っていましたが、最近は「https://www.php.net/manual/ja/intro-whatis.php」より「汎用スクリプト言語」と謳っています。

　このように、ビューにPHPが使われているケースもあります。このような
ケースの場合、たとえば `$post->contents` が `$post->text` というフィールド
名に変わったとき、存在しないプロパティを参照していることになり、不具合
となってしまう可能性があります。

　このような場合は、どうしたらよいでしょうか。PHPUnitのライブラリとして
`spatie/phpunit-snapshot-assertions` [21]というスナップショットテストを行
えるものがあります。このライブラリを用いて、上記のテンプレートが動作す
るかを保証することができます。

　では、上記のテンプレートを `Post.php` と命名して、保存しておきます。

　次に `spatie/phpunit-snapshot-assertions` を導入するため、次のコマン
ドでComposerを介してインストールします。

```
$ composer require --dev spatie/phpunit-snapshot-assertions
```

　さらに、`PostTest.php` というファイルを作成し、次のようなテストを実装
します。

```php
<?php

namespace CR;

use PHPUnit\Framework\TestCase;
use Spatie\Snapshots\MatchesSnapshots;

// composer のオートローダーを使用する
require_once __DIR__ . '/vendor/autoload.php';

class PostTest extends TestCase
{
    // スナップショットテストを使用するためのトレイトを読み込む
    use MatchesSnapshots;

    // テンプレートを読み込むためのメソッドを定義
    protected function loadTemplate(array $vars): string
    {
        // 渡した配列から変数を展開する
        //     $vars['title'] -> $title として扱えるように
        //     $vars['posts'] -> $posts として扱えるように
```

▼

```
        extract($vars);                                              ▼

        // 出力されるべき値をバッファに溜め込むための関数
        ob_start();

        // 投稿を読み込む
        include __DIR__ . '/Post.php';

        // include した結果を返す
        return ob_get_clean();
    }

    public function testPostTemplate()
    {
        // スナップショットテストを実行する
        $this->assertMatchesHtmlSnapshot(
            $this->loadTemplate([
                'title' => 'タイトルテスト',
                'posts' => [
                    (object) [
                        'title' => '投稿タイトル',
                        'contents' => '投稿本文', // ... ①
                    ],
                ],
            ])
        );
    }
}
```

そして、テストを次のように実行します。

```
$ ./vendor/bin/phpunit PostTest.php

PHPUnit 10.0.7 by Sebastian Bergmann and contributors.

Runtime:       PHP 8.2.1

.                                                              1 /
1 (100%)

Time: 00:00.030, Memory: 8.00 MB
```

　スナップショットテストは初回は自動で成功するようになっています。この
とき、スナップショットテスト上ではテストが存在するディレクトリに __snap
shots__ というディレクトリが作成され、この中に現時点のスナップショットが
格納されるようになります。

　では、$post->contents が $post->text に変わったと仮定して、先ほどの
コード例の①の部分を次のように変更します。

```
'contents' => '投稿本文',
```

```
'text' => '投稿本文',
```

先ほどと同様にテストを実行してみるとどうなるでしょうか。

```
$ ./vendor/bin/phpunit PostTest.php

PHPUnit 10.0.7 by Sebastian Bergmann and contributors.

Runtime:        PHP 8.2.1

F                                                               1 /
1 (100%)

Time: 00:00.031, Memory: 8.00 MB

There was 1 failure:

1) CR\PostTest::testPostTemplate
Failed asserting that two strings are equal.

Snapshots can be updated by passing `-d --update-snapshots` through
PHPUnit's CLI arguments.
--- Expected
+++ Actual
@@ @@
 <body>\n
     <h1>&atilde;&#130;&iquest;&atilde;&#130;&curren;&atilde;&#131;&#1
36;&atilde;&#131;&laquo;&atilde;&#131;&#134;&atilde;&#130;&sup1;&atil
de;&#131;&#136;</h1>\n
         <h2>&aelig;&#138;&#149;&ccedil;&uml;&iquest;&atilde;&#130
```

```
;&iquest;&atilde;&#130;&curren;&atilde;&#131;&#136;&atilde;&#131;&laq
uo;</h2>\n
-          <div>&aelig;&#138;&#149;&ccedil;&uml;&iquest;&aelig;&#156;&not
;&aelig;&#150;&#135;</div>\n
+          <div></div>\n
    </body>\n
 </html>\n
  '


/path/to/vendor/spatie/phpunit-snapshot-assertions/src/Drivers/
HtmlDriver.php:45
/path/to/vendor/spatie/phpunit-snapshot-assertions/src/Snapshot.php:55
/path/to/vendor/spatie/phpunit-snapshot-assertions/src/
MatchesSnapshots.php:185
/path/to/vendor/spatie/phpunit-snapshot-assertions/src/
MatchesSnapshots.php:54
/path/to/vendor/spatie/phpunit-snapshot-assertions/src/
MatchesSnapshots.php:86
/path/to/PostTest.php:37

FAILURES!
Tests: 1, Assertions: 1, Failures: 1, Warnings: 1.
```

　このように、テストが失敗していることがわかります。これは `$post->text` と変更したのにテンプレート上の `Post.php` で変更が漏れていた場合に起こります。テストを成功させるために、テンプレートの `Post.php` の `$post->contents` を `$post->text` へ変更してみます。

```
<div><?= nl2br(htmlspecialchars($post->contents)) ?></div>
```

```
<div><?= nl2br(htmlspecialchars($post->text)) ?></div>
```

　そして、再度テストを実行してみます。

```
$ ./vendor/bin/phpunit PostTest.php

PHPUnit 10.0.7 by Sebastian Bergmann and contributors.

Runtime:        PHP 8.2.1

.                                                               1 /
1 (100%)

Time: 00:00.030, Memory: 8.00 MB

OK (1 test, 1 assertion)
```

　テストが成功することがわかりました。複雑にPHPの変数が入り組んでいるPHPのテンプレートエンジンとして使用しているような場合でも、スナップショットテストを用いていくことで、変更漏れなどが検知しやすくなります。故に、メソッドの分割からアーキテクチャの再編まで、安全に行いやすくなるはずです。

　このようにユニットテストを書くことで、安全にメソッドを分割していくことが可能になるということがわかります。もちろん、この例のコードにはまだ問題点があります。それは割引率でたとえば「冬限定セール」のような期間限定のもの、「○○円オフ」などパーセンテージではないもの、セットで購入した場合は安くなる「セット割」など、さまざまなパターンが考慮された実装ではありません。あくまで、レガシーコードの1つである技術的負債を返済するための手法を紹介するまでに留めています。もちろん、ソフトウェア設計の観点から、理想的なコードでもありません。

　これらの課題を解決するために、柔軟なアーキテクチャをどう考えるべきか、といったり、読みやすいコードにしていくにはどうしたらよいか、といったことを説く書籍は多数出版されているので、そちらを参考にしてください。

CI/CDの用意

　本章の最後に、CI/CD について解説していきます。CI/CDとはそもそも何でしょうか。

🔷 CI(Continuous Integration)

　CIはContinuous Integrationの略で、**継続的インテグレーション**のことです。

　CIは、とある別のストリームの作業を、メインストリームに乗せるところに着目します。Gitであれば、featureブランチやworkブランチなどと行ったブランチからmainやmasterのようなメインストリームのブランチにマージするような意味合いです。

　その際に、継続的にそれが行えるようにする、つまりメインストリームには問題のないコードが載るべきです。CIを導入すると、問題のない状態を継続的に保障しておくことが可能になります。

　CIにはさまざまな役割があります。

- コーディングルールが遵守されているか
- テストの実行
- テストカバレッジの計測
- その他アプリケーション上で必要な事前のチェックなど

　上記のようなことがCI上では可能です。CIツールにもさまざまな種類があります。たとえば、自己ホスティングならJenkins[22]、WebサービスならGitHub Actions[23]やCircleCI[24]などです。それぞれ専用のフォーマットに則って記述する必要がありますが、上記の役割を満たすことも可能です。本書では無償で使いやすいGitHub ActionsをもとにPHP向けに解説をしていきます。

---

[22]: https://www.jenkins.io/
[23]: https://github.co.jp/features/actions
[24]: https://circleci.com/ja/

GitHub ActionsはGitHubに専用の設定ファイルをプッシュした時点から使うことができるため、気軽に扱えるCIツールの1つです。また、無料枠もあります。余談ですが、GitHub Actionsは比較的最近できたCI/CDツールですが、過去には、TravisCI[25]などもPHPのプロジェクトでは好まれて使われていたりもしました。

GitHub Actionsを作動させるためには、Gitのルートディレクトリに`.github`というディレクトリ、そしてそのディレクトリの中に`workflows`ディレクトリを作成し、`php.yml`というファイルを作成します。ディレクトリ構造は次のようになります。

```
$ tree .

.
├── .github
│   └── workflows
│       └── php.yml
│
以下省略
```

Gitのルートディレクトリを判別するためには、次のコマンドを実行するとわかります。

```
$ git rev-parse --show-toplevel

/path/to
```

上記のディレクトリパスになっていない場合は、`cd /path/to`[26]としてから、`php.yml`のファイル作成をするようにしてください。

次に、`php.yml`のコードをGitHub Actionsのクイックスタート[27]から次のようにします。

[25]：https://www.travis-ci.com/
[26]：「/path/to」とは任意のディレクトリのパスを示すものです。この値を「/a/b/c」や「/Volumes/c_and_r」など、ご自身の環境に合わせて読み替えていただくことになります。
[27]：https://docs.github.com/en/actions/quickstart

```
name: GitHub Actions Demo
run-name: ${{ github.actor }} is testing out GitHub Actions 🚀
on: [push]
jobs:
  Explore-GitHub-Actions:
    runs-on: ubuntu-latest
    steps:
      - run: echo "🎉 The job was automatically triggered by a ${{ github.
event_name }} event."
      - run: echo "🐧 This job is now running on a ${{ runner.os }} server
hosted by GitHub!"
      - run: echo "🔎 The name of your branch is ${{ github.ref }} and your
repository is ${{ github.repository }}."
      - name: Check out repository code
        uses: actions/checkout@v3
      - run: echo "💡 The ${{ github.repository }} repository has been
cloned to the runner."
      - run: echo "🖥️ The workflow is now ready to test your code on the
runner."
      - name: List files in the repository
        run: |
          ls ${{ github.workspace }}
      - run: echo "🍏 This job's status is ${{ job.status }}."
```

　上記を実行するために、GitHubへプッシュすると、GitHubのプルリクエスト上で下図のように表示されます。

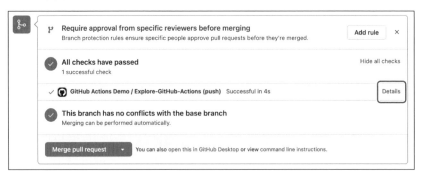

　さらに、上図にある「Details」をクリックすると、GitHub Actionsの実行結果が表示されます。

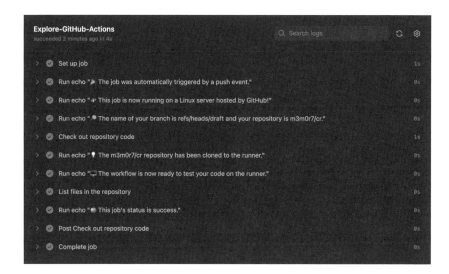

これらの情報からPHPでCIを行うには、`php.yml` をカスタマイズすればできそうだという感覚はつかめそうでしょうか。

では、まずテストを行うにはどのような手順を踏めばよいのかを解説します。

- GitHub ActionsdでPHPの扱える環境にする
- GitHubのブランチをチェックアウトする
- 「composer install」を行い、必要なライブラリをインストールする
- PHP_CodeSnifferを実行する（詳しくは149ページ参照）
- PHPUnitを実行する（詳しくは171ページ参照）

上記が一連の流れになります。まずGitHub ActionsでPHPの扱える環境にするために、PHPが扱えるコンテナを使用する必要があります。本書では無償で提供されている `Setup PHP Action` [28]を用います。

では、`php.yml` を次のように変更してみます。

```
name: CI for PHP
on: [push]
jobs:
  PHP-Test:
    runs-on: ubuntu-latest
    steps:
      - name: Setup PHP with PECL extension
```

▼

```
    uses: shivammathur/setup-php@v2
    with:
      # PHP を 8.2 として実行
      php-version: '8.2'
  - name: Show about PHP version
    run: |
        # PHP のバージョンを出力
        php -v
```

変更後、GitHubへ再度プッシュをすると、次のようにPHPのバージョンが表示されることがわかります。

次に、当該のブランチをチェックアウトします。当該のブランチのチェックアウトには actions/checkout@v3 というものを使用します。

php.yml を次のように書き換えます。

```
name: CI for PHP
on: [push]
jobs:
  PHP-Test:
    runs-on: ubuntu-latest
    steps:
      - name: Setup PHP with PECL extension
        uses: shivammathur/setup-php@v2
        with:
          php-version: '8.2'
      - name: Check out repository code
        uses: actions/checkout@v3
```

　先ほどの例のようにすることで、ブランチのチェックアウトができます。次に
Composerをインストールかつ、Composerを用いて必要なライブラリをイ
ンストールします。

　次のように php.yml を書き換えてみます。

```
name: CI for PHP
on: [push]
jobs:
  PHP-Test:
    runs-on: ubuntu-latest
    steps:
      - name: Setup PHP with PECL extension
        uses: shivammathur/setup-php@v2
        with:
          php-version: '8.2'
      - name: Check out repository code
        uses: actions/checkout@v3
      - name: Install the composer
        run: |
          # 以下より抜粋
          #
          # see: https://getcomposer.org/doc/faqs/how-to-install-composer-
programmatically.md
          #
          wget https://raw.githubusercontent.com/composer/getcomposer.org
/76a7060ccb93902cd7576b67264ad91c8a2700e2/web/installer -O - -q | php --
--quiet

          # composer を /usr/local/bin に移動
          mv composer.phar /usr/local/bin/composer
      - name: Run composer install
        run: |
          # composer install を実行し、必要なライブラリをインストールする
          composer install
```

　実行すると必要なファイルが揃います。本来であれば、Composerの実行
結果をキャッシュすることでGitHub Actionsの実行パフォーマンスが高くな
りますが、本書では割愛します。

　次はコード品質を担保できているかを確認する点でPHP_CodeSniffer、変更漏れがないかなどを検知するためにPHPUnitテストを実行します。本章でPHP_CodeSniffer（149ページ参照）とPHPUnit（171ページ参照）での扱い方について解説しているので、その例を参考に `php.yml` を次のように書き換えてみます。

```yaml
name: CI for PHP
on: [push]
jobs:
  PHP-Test:
    runs-on: ubuntu-latest
    steps:
      - name: Setup PHP with PECL extension
        uses: shivammathur/setup-php@v2
        with:
          php-version: '8.2'
      - name: Check out repository code
        uses: actions/checkout@v3
      - name: Install the composer
        run: |
          # 以下より抜粋
          #
          # see: https://getcomposer.org/doc/faqs/how-to-install-composer-
programmatically.md
          #
          wget https://raw.githubusercontent.com/composer/getcomposer.org
/76a7060ccb93902cd7576b67264ad91c8a2700e2/web/installer -O - -q | php --
--quiet

          # composer を /usr/local/bin に移動
          mv composer.phar /usr/local/bin/composer
      - name: Run composer install
        run: |
          # composer install を実行し、必要なライブラリをインストールする
          composer install
      - name: Run PHP_CodeSniffer
        run: |
          # phpcs を実行する(composer のライブラリがインストールされている
vendor ディレクトリは除外)
          /vendor/bin/phpcs --ignore=*/vendor/* --standard=PSR12 .
      - name: Run PHPUnit
```

▼

```
run: |
    # PHPUnit を実行する
    ./vendor/bin/phpunit .
```

たとえばコーディングルールに遵守していないファイルが存在する場合は、CI上で次の図のようなエラーが出るため、メインストリームにマージされる前に課題のあるコードであるかどうか検出することができるようになります。

逆に成功した場合は、先ほど示した190ページの図のような結果となります。

🧊 CD(Continuous Delivery)

CD(Continuous Delivery)とは**継続的デリバリー**のことを指し、高い頻度でデプロイを実現することを指します。デプロイのオートメーション化を測り、必要なときに必要なタイミングでユーザーに価値提供を行えるようにすることです。

CIツール上でCDまで一貫して行うことも多くの企業では採択されている手法ではないでしょうか。たとえばGitで特定のブランチをプッシュしたいときだけ、そのアプリケーションに必要なビルドや環境設定を揃えて本番環境に反映させる行為などが一例として挙げられます。そういった意味からもCI/CDと1つの単語として語られることも少なくないかと思われます。

つまり、CDには次のようなプロセスが含まれます

● アプリケーションのビルド
● CDN などのキャッシュなどがある場合は適切に上書き
● 特定環境下へのデプロイ(AWSやGCPなどへ)

これらのプロセスをGitHub Actionsに組み込んだり、ChatOps(チャットで何かしらのオペレーションを行う)などで継続的デリバリーを実現している企業もあります。

事業のモデルによっては、メインストリームにマージ後、すぐさま本番環境への反映を行うのが難しいものもあります。そのアプリケーションが本番環境で使用するにあたって問題ないかであったり、そもそも適合しているかどうかを確認するプロセスが必要であったり、上長の承認プロセスを経る必要がある企業もあります。

もちろん、メインストリームにマージ後、すぐさま本番環境へ反映を行うことに問題のない場合もあるでしょう。たとえば、影響範囲が極小である社内ツールなどは1つの例です。

いずれにしても、事業モデルに合わせ、柔軟にかつ、迅速に継続的にデリバリーができる環境を構築することが望ましいといえます。

# おわりに

　いかがでしたでしょうか。レガシーコードがなぜ生まれるのか、レガシーコードを改善するための道筋を立てるにはどうしたらよいのか、そして、レガシーコードを読む力、レガシーコードを改善する準備、そして最終章の「レガシーコードの改善の方法」で、レガシーコードに対しての解像度が上がったのではないかなと思います。

　特に本書が伝えたいのは、妥協や諦めで終わらせないでほしいということです。会社や事業のフェーズによって「そう選択せざるを得なかった」「そもそも選択するための知識がなかった」という現実はありますが、それは肯定するべきものではありません。かといって「レガシーコードを書くのはキャッシュがない企業である」「スタートアップはスーパーマンを雇えない」と、拙いコードを書く組織を否定したいわけでもありません。

　本書は、レガシーコードが存在する理由、改善の準備の方法や改善を理解してもらうことで、次の一手につなげられるような手助けとなることを望んでいます。

謝辞

　本書は筆者の友人である「ちょうぜつソフトウェア設計入門——PHPで理解するオブジェクト指向の活用」（技術評論社、2022年）の著者である、田中ひさてる氏、ソフトウェアアーキテクチャについてさまざまなカンファレンスで登壇している、すえなみ氏に校閲をお願いしました。

　本書では、レガシーコードを読み解くにあたり、ソフトウェアアーキテクチャについて理解を深めておくべきだと書いております。そのため、お二方に本書でも触れられているソフトウェアアーキテクチャについて、校閲いただいた形になります。

　ご多忙の中、善意にてご協力いただいたお二方には、この場を借りて感謝の意を表します。

2023年4月

めもりー

索引

■著者紹介

めもりー　1994年生まれ。大学の情報系学部でネットワーク・コンピューター工学を専攻するも、実務への関心が高まり、高校時代Webエンジニアとしてアルバイトをしていた会社にそのまま入社。その後、複数のベンチャー企業やスタートアップ企業、GameWithやBASEといった上場企業でソフトウェアエンジニアとしてサービス開発を担う。2020年4月に現職株式会社トラーナにエンジニア正社員1人目として入社。組織・プロダクト・オペレーションプロセスのエンジニアリングを担う。2022年1月に執行役員CTOに就任。同年4月時点でエンジニア20人ほどの組織を作り上げる。
　　　　　　趣味では、OSS活動に勤しんだり、PHPでJVMを実装したり、PHP FFIを用いてNFCリーダーを実装したりしている。PHPカンファレンスやPHPerKaigiなどで「PHPにおける並列処理と非同期処理入門」や「PHPでJVMを実装してHello Worldを出力するまで」といった内容で登壇。拙著に「Swooleで学ぶ PHP非同期処理」、（技術評論社刊）。その他、「みんなのPHP」「Software Design」（いずれも技術評論社発行）などにも寄稿。

編集担当：吉成明久 / カバーデザイン：秋田勘助（オフィス・エドモント）
写真：©Jon Helgason - stock.foto

レガシーコードとどう付き合うか

2023年6月 1日　第1刷発行
2023年6月15日　第2刷発行

著　者　　めもりー

発行者　　池田武人

発行所　　株式会社 シーアンドアール研究所
　　　　　新潟県新潟市北区西名目所4083-6（〒950-3122）
　　　　　電話　025-259-4293　　FAX　025-258-2801

印刷所　　株式会社 ルナテック

ISBN978-4-86354-410-9　C3055
©memory, 2023

Printed in Japan